普通高等教育信息技术类创新型系列教材

大学计算机与人工智能基础实验指导

主　编　张　杨　孔令治
副主编　朱蕾蕾　金涛伟　孙东明

科 学 出 版 社
北　京

内 容 简 介

本书是《大学计算机与人工智能基础》（张杨、朱蕾蕾主编，科学出版社出版）一书配套的上机实验指导与习题训练用书。

本书是以教育部高等学校计算机科学与技术教学指导委员会、非计算机专业计算机基础课程教学指导分委员会制定的《高等学校非计算机专业计算机基础课程教学基本要求》为指导，按照计算机基础课程分类、分层次组织教学的思路编写的。本书中的内容与主教材紧密结合，主要分为实验和习题两部分。其中，实验部分按实验目的、实验内容、操作步骤等，将主教材中部分章节适合上机实操的知识体系作以巩固练习；习题部分结合主教材各章给出习题及参考答案；各章习题后均附思考题，以培养深入思考为目标，促进学生主动学习和提升应用知识解决问题的能力。

本书内容丰富新颖，结构清晰，实用性强，可作为医药类院校非计算机专业的实验教材，也可作为其他高等院校非计算机专业本专科计算机基础课程的实验教材，亦可作为高等学校成人教育培训的实验用书。

图书在版编目（CIP）数据

大学计算机与人工智能基础实验指导 / 张杨，孔令治主编. -- 北京 : 科学出版社, 2025. 6. --（普通高等教育信息技术类创新型系列教材）.

ISBN 978-7-03-082373-1

Ⅰ. TP3；TP18

中国国家版本馆 CIP 数据核字第 2025JL0483 号

责任编辑：戴　薇　袁星星 / 责任校对：王万红
责任印制：吕春珉 / 封面设计：东方人华平面设计部

科学出版社出版
北京东黄城根北街 16 号
邮政编码：100717
http://www.sciencep.com
三河市中晟雅豪印务有限公司印刷
科学出版社发行　各地新华书店经销
*
2025 年 6 月第 一 版　开本：787×1092 1/16
2025 年 6 月第一次印刷　印张：8 3/4
字数：202 000

定价：38.00 元

（如有印装质量问题，我社负责调换）
销售部电话 010-62136230　编辑部电话 010-62135319-2047

本书编委会

主　编：张　杨　孔令治

副主编：朱蕾蕾　金涛伟　孙东明

编　委：（按姓氏拼音排序）

白　茹　曹　旭　侯力铁　黄家琦　黄丽丽　霍　珊

冷荣伟　李思琦　刘　洁　麻文馨　马　健　朴喜航

曲　娜　苏　伟　隋永博　孙秀丽　田钰琨　王　焱

王书童　王文龙　徐志勇　于海娇　余忆令　张　迪

张　旭　张海洋　邹元君

前　言

PREFACE

随着大数据、人工智能、云计算、区块链等信息技术的广泛应用，计算机发挥着越来越重要的作用，不断改变人们的工作、学习和生活方式。我国高校计算机基础教育进入一个新的发展阶段，各专业对大学生的计算机应用能力也提出了更高的要求。为了适应这种发展，培养大学生的计算机综合应用能力，适应新时期高素质人才对计算机基础知识和操作技能的需求，我们以提高大学生计算机实际操作能力为宗旨，组织从事一线教学工作的教师编写了本书。

全书共分两部分。

第 1 部分是实验。上机实验不仅是理论课的补充，更是培养学生实际操作能力的核心载体。通过“做中学”的沉浸式训练，学生在掌握计算机操作技能的同时，增强应对数字化时代复杂技术挑战的关键能力。实验部分的主要目标是使学生理解计算机操作的基础知识，熟练掌握常用工具软件的用途和操作方法。实验部分涵盖了计算机网络基础、操作系统基础、WPS 文字处理、WPS 表格处理、WPS 演示文稿制作等内容。

第 2 部分是习题。本部分的目标是使学生牢固掌握计算机基本理论和基本概念。本部分涵盖了《大学计算机与人工智能基础》（张杨，朱蕾蕾主编，科学出版社出版）涉及的主要基本理论和基本概念。习题设置有单选题、填空题、判断题和思考题 4 种题型，其中，单选题、填空题和判断题附有参考答案；思考题则以培养深入思考为目的，促进学生主动学习和提升应用知识解决问题的能力。

本书由张杨、孔令治担任主编，朱蕾蕾、金涛伟、孙东明担任副主编，白茹、曹旭、侯力铁、黄家琦、黄丽丽、霍珊、冷荣伟、李思琦、刘洁、麻文馨、马健、朴喜航、曲娜、苏伟、隋永博、孙秀丽、田钰琨、王焱、王书童、王文龙、徐志勇、于海娇、余忆令、张迪、张旭、张海洋、邹元君参与编写；全书由张杨、孔令治统稿并审定。

由于编者水平有限，书中难免存在不足之处，敬请广大读者批评指正。

编　者

2025 年 2 月

目录

CONTENTS

第 1 部分

实　　验

实验 1 计算机网络基础

实验 1.1 Microsoft Edge 浏览器的使用

【实验目的】

熟练掌握 Microsoft Edge 浏览器的基本使用方法，能够浏览网站、下载文件等。

熟练掌握搜索引擎的使用方法，可以通过网络查找资源，利用浏览器获取所需信息。

【实验内容】

（1）启动 Microsoft Edge 浏览器。
（2）浏览网页。
（3）保存当前浏览的网页。
（4）保存网页中的图片文件。
（5）收藏夹的使用。
（6）搜索引擎的使用。

【操作步骤】

1. 启动 Microsoft Edge 浏览器

启动 Microsoft Edge 浏览器的方法有以下 3 种。

方法 1：单击桌面任务栏上的浏览器图标，启动浏览器，如图 1-1 所示。

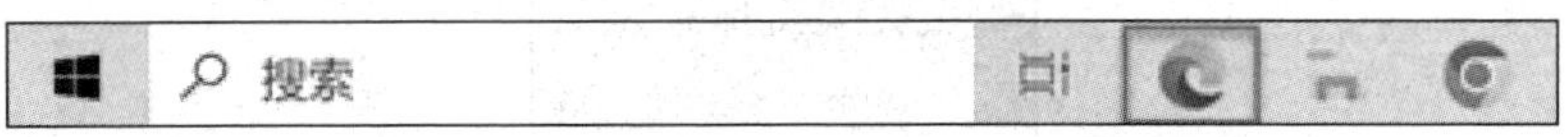

图 1-1　任务栏上的浏览器图标

方法 2：首先在桌面左下角的搜索栏中输入“Microsoft Edge”，然后在弹出的列表中选择 Microsoft Edge 浏览器即可，如图 1-2 所示。

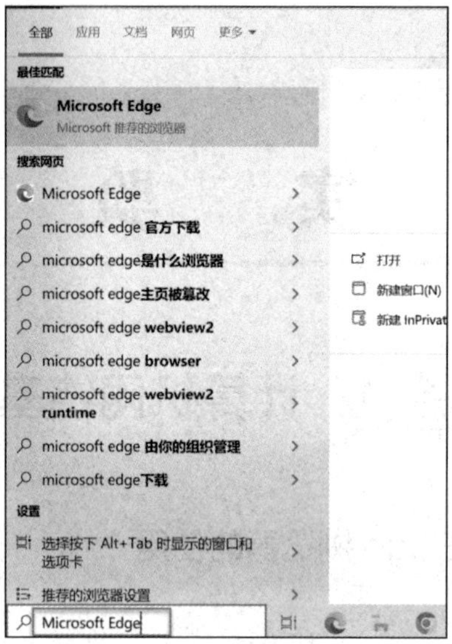

图 1-2　搜索浏览器程序

方法3：选择“开始”→“所有应用列表”→ “Microsoft Edge”选项，即可启动浏览器，如图 1-3 所示。

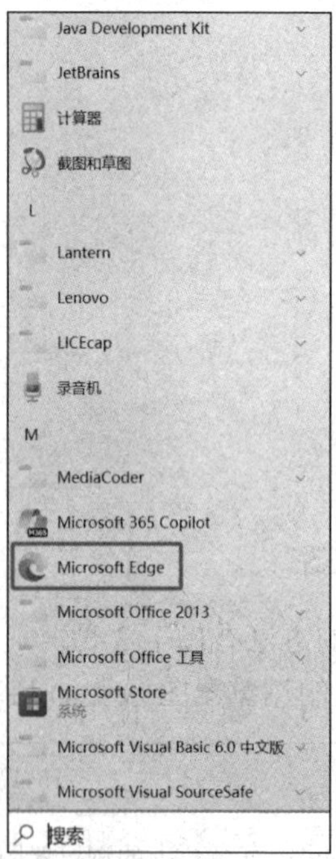

图 1-3　“开始”菜单中的浏览器快捷访问图标

2. 浏览网页

启动浏览器后，打开 Microsoft Edge 浏览器默认的主页，如图 1-4 所示。

图 1-4　Microsoft Edge 浏览器默认的主页

如果用户想修改主页，需要单击浏览器右上角的“设置及其他”按钮…，在弹出的下拉列表中选择“设置”选项（图 1-5），然后在打开的左侧窗格中选择“开始、主页和新建标签页”区域，在右侧主显示区域选中“打开以下页面”单选按钮，然后单击右侧的“添加新页面”按钮，接着在弹出的“添加新页面”对话框的文本框中输入要显示的主页网站地址。输入完成后，单击“添加”按钮保存生效，如图 1-6 所示。

主页设置完成后，单击浏览器就可以直接访问主页网站，如图 1-7 所示。

图 1-5　Microsoft Edge 浏览器“设置”选项

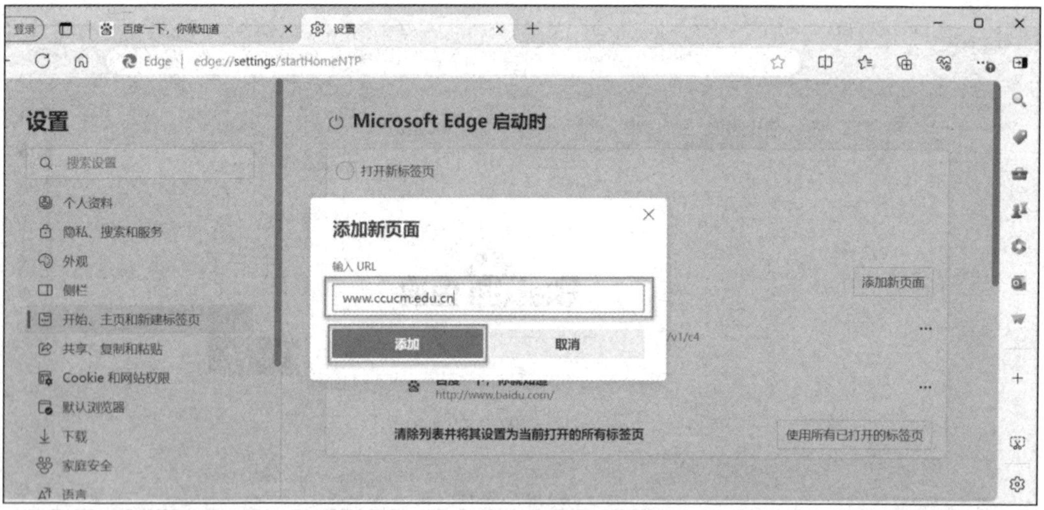

图 1-6　设置主页

图 1-7　主页设置完成后打开浏览器

此外，与 Internet Explorer 浏览器类似，Microsoft Edge 浏览器也提供了“前进”“后退”“刷新”“主页”等命令。

3. 保存当前浏览的网页

有的网页对于浏览者有一定的价值，需要保存下来，以便在没有网络的情况下浏览使用。与一般浏览器不同，Microsoft Edge 浏览器支持将网页保存为 PDF 和 HTML 两种主要类型。

使用 Microsoft Edge 浏览器打开指定的网页（如 https://www.ccucm.edu.cn）后，如果想保存该网页，则需要单击浏览器右上角的“设置及其他”按钮…，在弹出的下拉列表中选择“打印”命令，如图 1-8 所示。

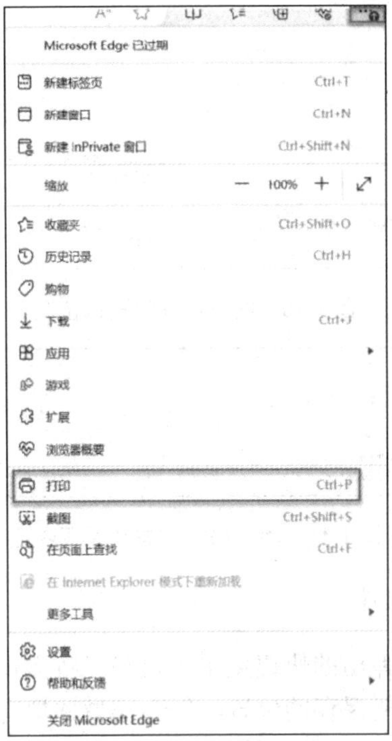

图 1-8　选择“打印”命令

在打开的界面中进行相关设置，如图 1-9 所示。例如，“打印机”区域中可以使用默认的打印机，其他选项用户可以根据需要自行修改，设置完成后单击“打印”按钮。这时，网页已经被打印出来了。接下来，可自行保存网页，单击浏览器右上角的“设置及其他”按钮···，在弹出的下拉列表中选择“更多工具”→“将页面另存为”命令，即可保存网页。保存类型为 HTML 类型。保存的默认地址是用户的“文档”文件夹。保存时，连同网页浏览文件夹一同保存，如图 1-10 和图 1-11 所示。

图 1-9　网页打印设置

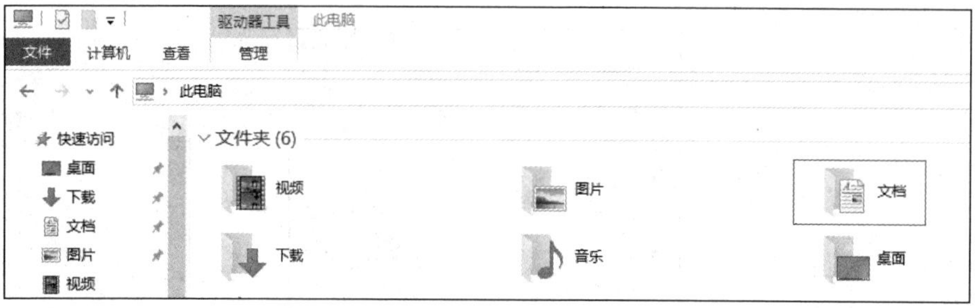

图 1-10　网页保存的默认位置

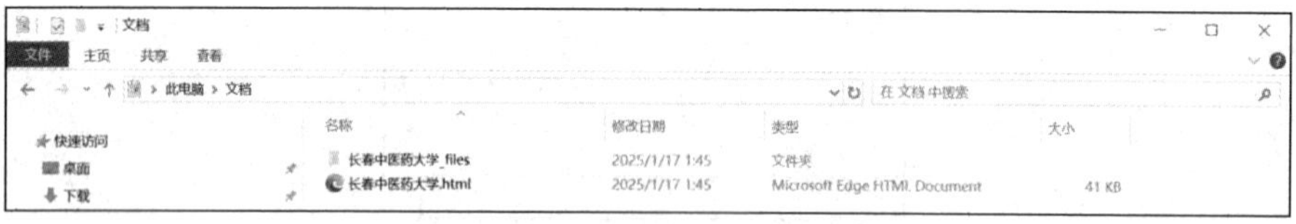

图 1-11　网页保存类型及保存内容

4. 保存网页中的图片文件

在网页图片上右击，在弹出的快捷菜单中选择“将图像另存为”命令，打开“另存为”对话框，从中选择图片要保存的位置、保存类型并填写文件名。单击“保存”按钮即可完成网页图片的保存，如图 1-12 所示。

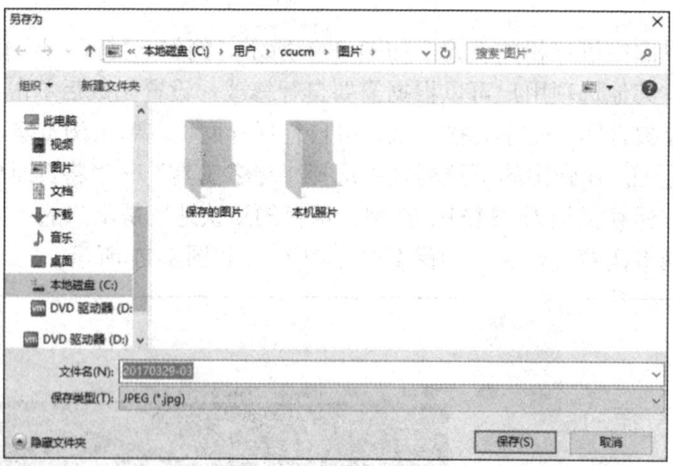

图 1-12　网页图片的保存

5. 收藏夹的使用

在日常浏览网站时，用户可以将经常访问的网址保存到浏览器的收藏夹中，以便下次快速访问该网站，具体方法如下。

打开需要收藏的网站，单击浏览器地址栏右侧的“收藏夹”按钮 ✩≡ 。此时，在弹出的界面中会提示填写“名称”“文件夹”等，可以选择默认，也可以修改网站名称或在添加网站后，拖曳到指定位置，如图 1-13 所示。

下次如果想访问收藏夹中的网站，打开浏览器后单击“收藏夹”按钮 ☆≡，在打开的“收藏夹”界面中的“收藏夹栏”中单击收藏的网站即可，如图 1-14 所示。

图 1-13 添加收藏

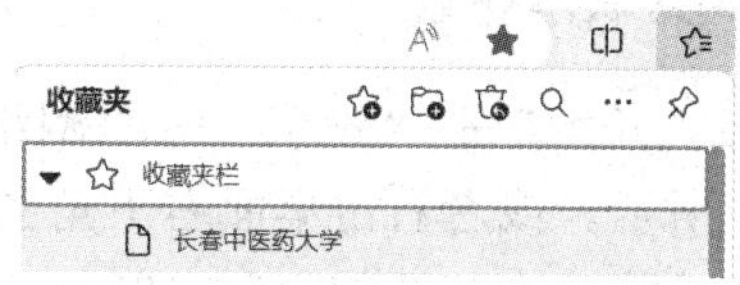

图 1-14 访问收藏夹

6. 搜索引擎的使用

Microsoft Edge 浏览器的地址栏不仅可以输入网站地址，还可以直接输入关键字，通过关联设定的搜索引擎实现网站信息的搜索。Microsoft Edge 浏览器默认的搜索引擎是必应搜索（http://cn.bing.com/）。

在浏览器的地址栏中输入需要访问的搜索引擎地址，按 Enter 键即可打开搜索引擎网站。例如，访问百度搜索引擎，在地址栏中输入“http://www.baidu.com”，即可打开百度搜索引擎。在百度搜索引擎的关键字输入文本框中输入要查找的关键字，再单击“百度一下”按钮，即可找到相应的网站，如图 1-15 所示。

图 1-15 搜索引擎的使用

实验 1.2 网络状态查看与 IP 地址配置

【实验目的】

熟练掌握网络状态查看和 IP 地址的配置。

【实验内容】

（1）网络状态查看。
（2）禁用/启用网络。
（3）查看 IP 地址。
（4）IP 地址配置。

【操作步骤】

1. 网络状态查看

选择“开始”→“设置”→“网络和 Internet”→“更改适配器选项”命令，如图 1-16 所示。或者右击桌面右下角的网络图标，在弹出的快捷菜单中选择“网络和Internet”命令，在打开的窗口中单击“更改适配器选项”链接，如图 1-17 所示。

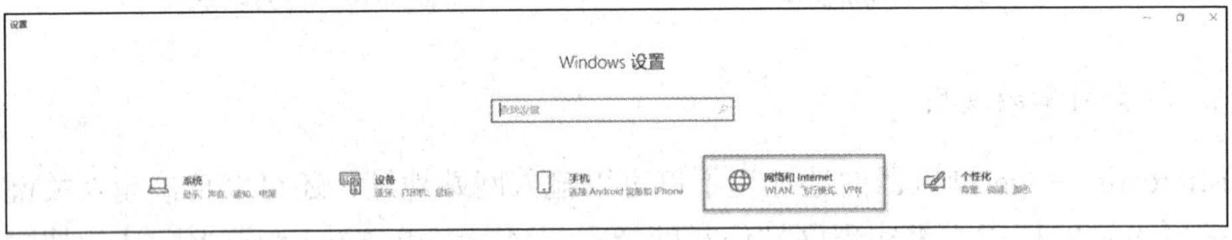

图 1-16 网络和 Internet

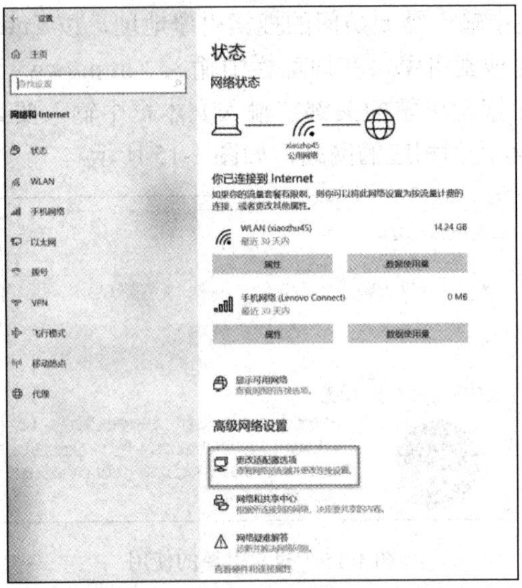

图 1-17 “更改适配器选项”链接

若有线联网，则右击“以太网”图标，如图 1-18 所示；若无线联网，则右击“WLAN”图标。以“以太网”为例，在弹出的快捷菜单中选择“状态”命令，然后可以在打开的“以太网 状态”对话框中查看 IPv4 连接、IPv6 连接、媒体状态、持续时间等信息。

图 1-18 以太网

2. 禁用/启用网络

右击“以太网”图标，在弹出的快捷菜单中选择“禁用”命令，可以将计算机断开网络连接，禁用网络后，“以太网”图标将显示为灰色，如图 1-19 所示。如果想启用网络，则右击“以太网”图标，在弹出的快捷菜单中选择“启用”命令即可。

图 1-19 以太网禁用

3. 查看 IP 地址

为了查看本机 IP 地址，右击“以太网”图标，在弹出的快捷菜单中选择“状态”命令，在打开的“以太网 状态”对话框中单击“详细信息”按钮，如图 1-20 所示。打开“网络连接详细信息”对话框，在该对话框中会显示本机的 IPv4 地址、IPv4 子网掩码、IPv4 默认网关、IPv4 DHCP 服务器、IPv4 DNS 服务器等网络参数，如图 1-21 所示。

图 1-20 “以太网 状态”对话框

图 1-21 “网络连接详细信息”对话框

4. IP 地址配置

（1）在“以太网 状态”对话框中单击“属性”按钮，打开“以太网 属性”对话框。

选中“此连接使用下列项目”选项区域中的“Internet 协议版本 4（TCP/IPv4）”复选框，如图 1-22 所示。

（2）单击“属性”按钮，打开“Internet 协议版本 4（TCP/IPv4）属性”对话框，在其中可以设置 IP 地址、子网掩码、默认网关、首选 DNS 服务器、备用 DNS 服务器等网络参数。如果所在网络 IP 由 DHCP 服务器分配，那么 IP 地址可以选择“自动获得 IP 地址”“自动获得 DNS 服务器地址”，如图 1-23 所示。

图 1-22 “以太网 属性”对话框

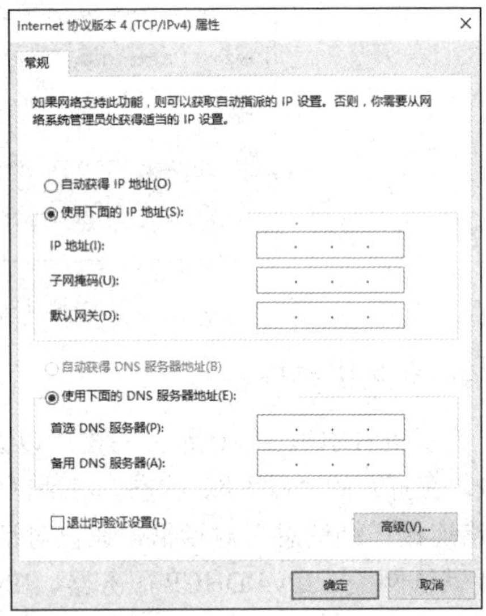

图 1-23 “Internet 协议版本 4（TCP/IPv4）属性”对话框

实验 1.3 常用命令的使用

【实验目的】

熟练掌握 ping、ipconfig 等常用命令的使用方法。

【实验内容】

（1）ping 命令的使用。

（2）ipconfig 命令的使用。

【操作步骤】

1. ping 命令的使用

ping 命令是 Windows 自带的 DOS 命令，主要用于确定本地主机是否能与另一台主机实现数据包的交换，根据返回的信息推断 TCP/IP 网络参数是否设置正确及运行是否正常，通过此命令可以检查网络是否连通。

（1）按 Win+R 组合键，打开“运行”对话框。在文本框中输入“cmd”，然后单击“确定”按钮，如图 1-24 所示，即可进入 MS-DOS 界面。

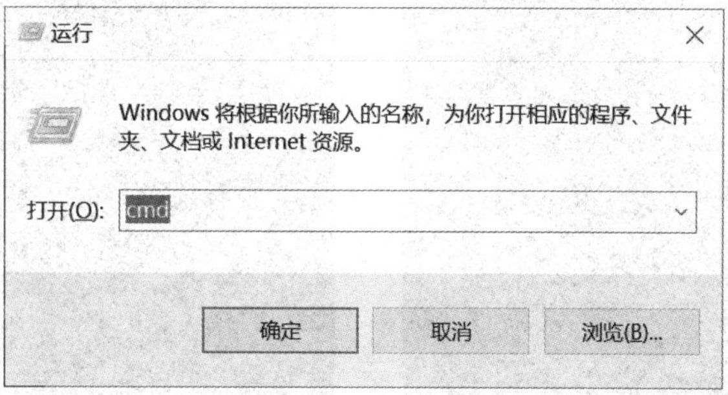

图 1-24　“运行”对话框

（2）在命令提示符框中输入“ping 220.181. 38.149”，按 Enter 键，会出现连接后的响应数据。通过返回的响应数据，可以看到数据包发送后没有出现丢失，顺利抵达目的主机。这说明当前主机与 IP 地址为 220.181.38.149 的主机是连通的，如图 1-25 所示。在命令提示符框中输入“ping 123.45.6.7”，按 Enter 键，会出现请求超时，表明无法连通目的主机，如图 1-26 所示。

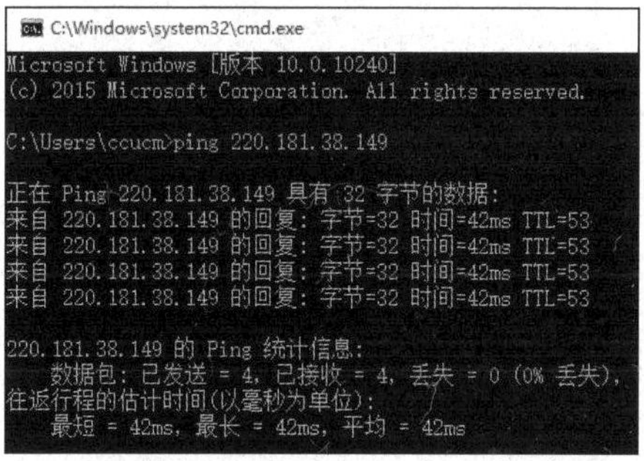

图 1-25　ping 命令的使用（连通目的主机）

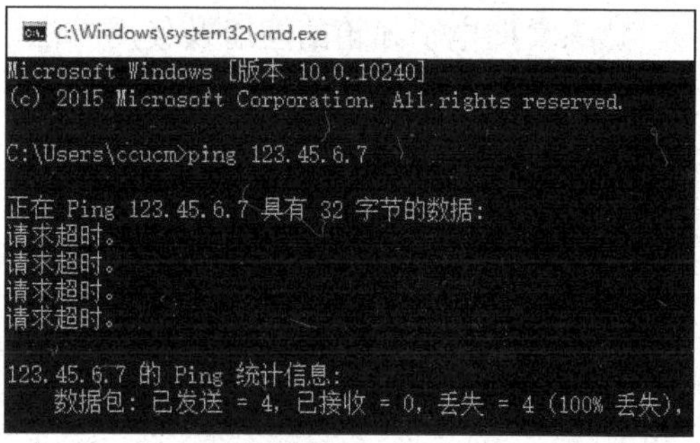

图 1-26　ping 命令的使用（无法连通目的主机）

2. ipconfig 命令的使用

ipconfig 命令也是 Windows 自带的 DOS 命令，用于显示本地主机 TCP/IP 网络配置信息，如网络适配器的物理地址、IP 地址等，一般用于校验手动配置的 TCP/IP 设置是否正确。如果在网络中由 DHCP 服务器分配 IP 地址，则利用 ipconfig 命令可以查看当前主机分配到的 IP 地址。

（1）按 Win+R 组合键，打开“运行”对话框。在文本框中输入“cmd”，然后单击“确定”按钮，进入 MS-DOS 界面。

（2）在命令提示符框中输入“ipconfig”，按 Enter 键，可以查看当前主机的 IP 地址、子网掩码、默认网关等网络配置信息，如图 1-27 所示。

（3）在命令提示符框中输入“ipconfig/all”，按 Enter 键，可以查看当前主机的物理地址、IP 地址、子网掩码、默认网关等详细的网络配置信息，如图 1-28 所示。

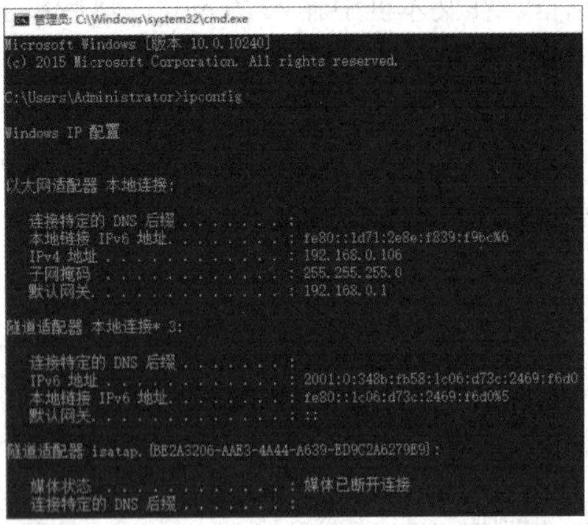

图 1-27　ipconfig 命令的使用

图 1-28　ipconfig /all 命令的使用

实验 1.4　电子邮箱的使用

【实验目的】

熟练掌握电子邮箱的注册及使用方法。

【实验内容】

（1）电子邮箱注册。

（2）邮箱登录。

（3）邮件收发。

【操作步骤】

目前，网易、腾讯等很多网站提供了免费邮箱服务，用户可以根据需要选择申请注册电子邮箱。不同网站邮箱申请注册流程大致相同，本实验以网易邮箱为例，介绍申请注册免费电子邮箱，了解邮箱的注册及邮件收发过程。

1. 邮箱注册

打开浏览器，在地址栏输入“https://www.126.com”，即可访问网易邮箱网站，如图 1-29 所示。单击“注册新账号”链接，在弹出的界面中填写好邮箱地址、密码、手机号码后，选中“同意《服务条款》、《隐私政策》和《儿童隐私政策》”复选框，单击“立即注册”按钮，如图 1-30 所示。

2. 邮箱登录

打开浏览器，在地址栏输入“https://www.126.com”，在页面中输入注册时填写的邮箱名与密码，单击“登录”按钮即可，如图 1-29 所示。

图 1-29　网易邮箱网站

图 1-30　网易邮箱注册信息填写

3. 邮件收发

登录邮箱后，会看到邮箱首页包括“收件箱”“草稿箱”“已发送”等部分，如图 1-31 所示。其中，“收件箱”用于存放收到的所有邮件；“草稿箱”用于存放已经写好的待发送的邮件；“已发送”用于存放已经发送的邮件。

邮件发送过程：首先，单击“写信”按钮；其次，填写好“收件人”“主题”“添加附件”“正文”等内容；最后，单击“发送”按钮，即可将邮件发送出去，如图 1-32 所示。如果想将这个邮件同时发送给多个地址，可以选择“抄送”命令，邮件收件人可以看到这个邮件都发送给了哪些地址。如果不想让收件人看到所有收件人的地址，则选择“密送”命令。

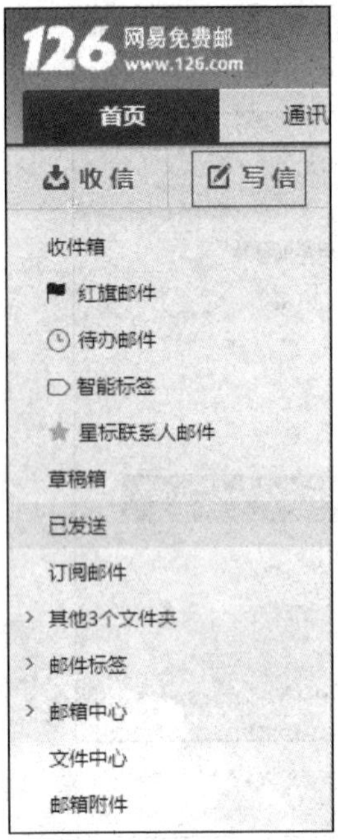

图 1-31　邮箱首页

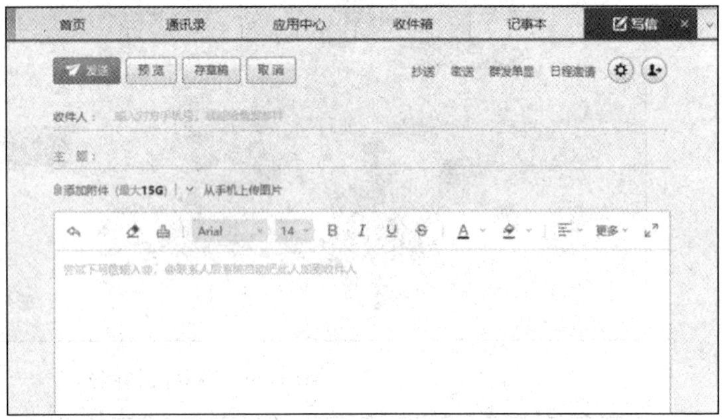

图 1-32　新建邮件

邮件接收过程：首先，单击“收信”按钮；其次，在“收件箱”中查看收到的邮件；最后，单击邮件主题即可浏览收到的邮件内容。

实验 2　操作系统基础

实验 2.1　文件与文件夹操作

【实验目的】

熟练掌握文件与文件夹的基本操作。

熟练管理文件及文件夹。

【实验内容】

（1）创建文件或文件夹。

（2）复制、移动文件或文件夹。

（3）重命名文件或文件夹。

（4）显示隐藏文件或文件夹。

（5）搜索文件或文件夹。

【操作步骤】

1. 创建文件或文件夹

打开需要新建文件夹的位置，如桌面或某磁盘驱动器或某已有文件夹。下面以在桌面上创建文件夹为例来介绍创建文件或文件夹的具体操作步骤。

在桌面任意空白处右击，在弹出的快捷菜单中选择“新建”命令，再在级联菜单中选择“文件夹”选项，如图 2-1 所示。此时，在桌面上出现一个新的文件夹图标，其名称为“新建文件夹”，并处于可编辑状态。重新输入文件夹名后，按 Enter 键，或单击空白处，文件夹创建即可完成。

图 2-1　创建文件夹

2. 复制、移动文件或文件夹

方法1：用鼠标直接拖动。

① 移动文件或文件夹：在同一驱动器中移动时，选中文件或文件夹，用鼠标将其拖动到目标位置后，释放鼠标，如图 2-2 所示。在不同驱动器间移动时，选中文件或文件夹，拖动鼠标的同时按住 Shift 键，将选中的文件或文件夹移动到目标位置后，释放鼠标和 Shift 键。

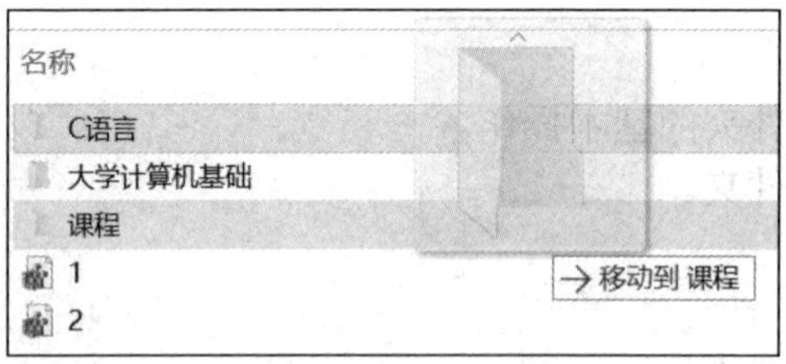

图 2-2　拖动文件夹

② 复制文件或文件夹：在同一驱动器中复制时，选中文件或文件夹，按鼠标左键，同时按住 Ctrl 键，用鼠标将其拖到目标位置后，释放鼠标。在不同驱动器间复制时，选中文件或文件夹，用鼠标将其拖到目标位置后，释放鼠标即可。

方法2：使用剪贴板。

① 选中要复制或移动的文件或文件夹并右击，在弹出的快捷菜单中选择“复制”或“剪切”命令，将其放入剪贴板，如图 2-3 所示。

② 在目标驱动器或文件夹空白处右击，在弹出的快捷菜单中选择“粘贴”命令，即可实现文件或文件夹的复制或移动，如图 2-4 所示。

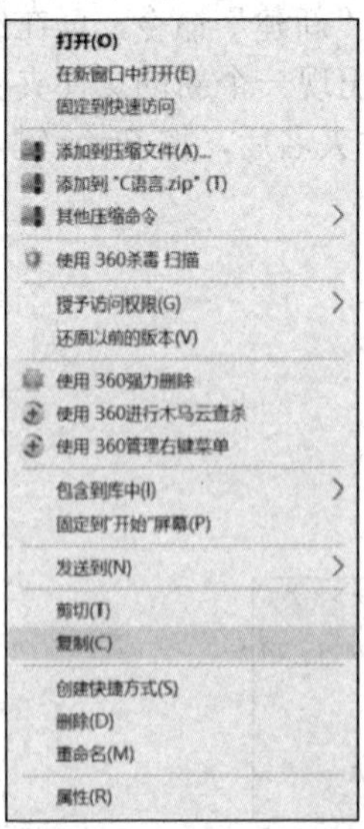

图 2-3　“复制”命令

图 2-4　“粘贴”命令

3. 重命名文件或文件夹

重命名文件或文件夹的方法有以下 3 种。

方法 1：使用功能选项区。选中要重命名的文件或文件夹，在功能选项区单击“重命名”按钮，如图 2-5 所示。这时，文件名变为可编辑状态，输入新的文件名，最后按 Enter 键或单击其他位置即可。

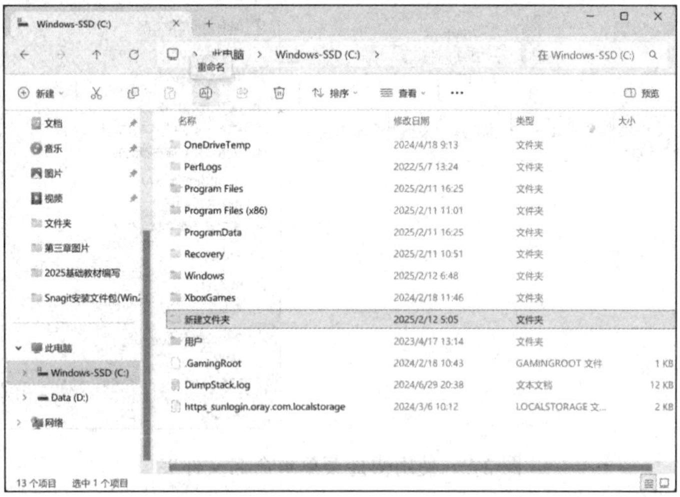

图 2-5　使用功能选项区重命名文件夹

方法 2：使用快速方式。单击要重命名的文件或文件夹，再单击一次，使文件夹名称处于可编辑状态，如图 2-6 所示，输入新的文件夹名称后按 Enter 键或单击其他位置即可。

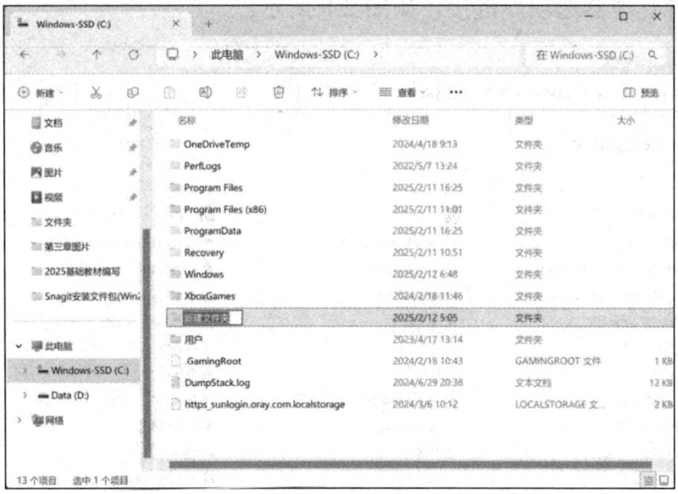

图 2-6　使用快速方式重命名文件夹

方法 3：使用快捷菜单。右击要重命名的文件或文件夹，在弹出的快捷菜单中选择

“重命名”命令，如图 2-7 所示。

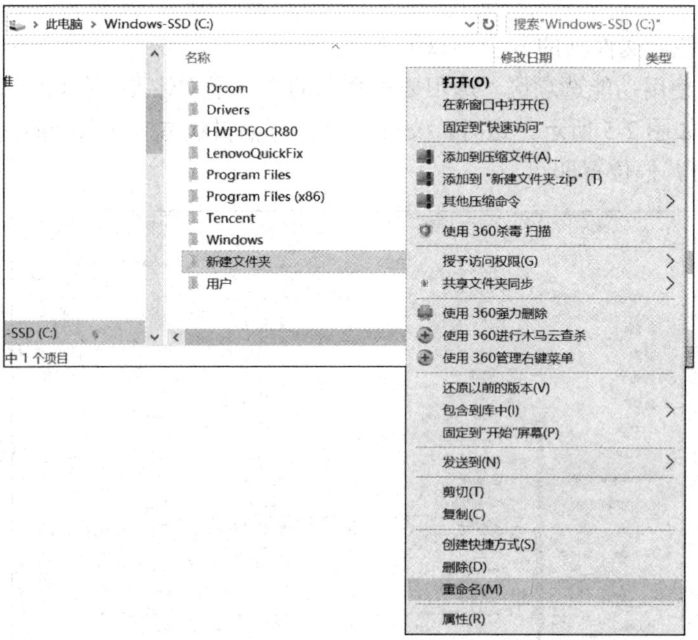

图 2-7　使用快捷菜单重命名文件夹

4. 显示隐藏文件或文件夹

显示隐藏文件或文件夹的方法有以下两种。

方法 1：使用“文件资源管理器选项”。

① 双击桌面上的“控制面板”图标，将右上角的“查看方式”设置为“小图标”，单击“文件资源管理器选项”链接，如图 2-8 所示。

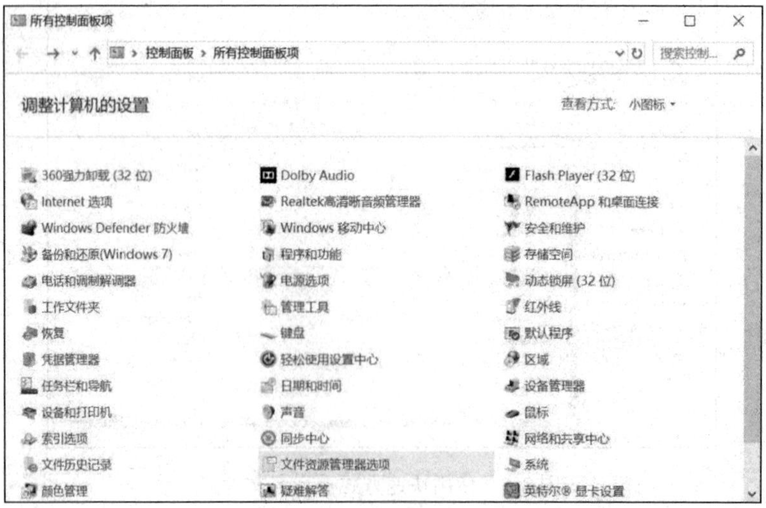

图 2-8　“文件资源管理器选项”链接

② 在弹出的“文件资源管理器选项”对话框中切换到“查看”选项卡，在“高级设置:”区域下选中“隐藏文件和文件夹”下的“显示隐藏的文件、文件夹和驱动器”单选按钮，单击“确定”按钮即可，如图 2-9 所示。

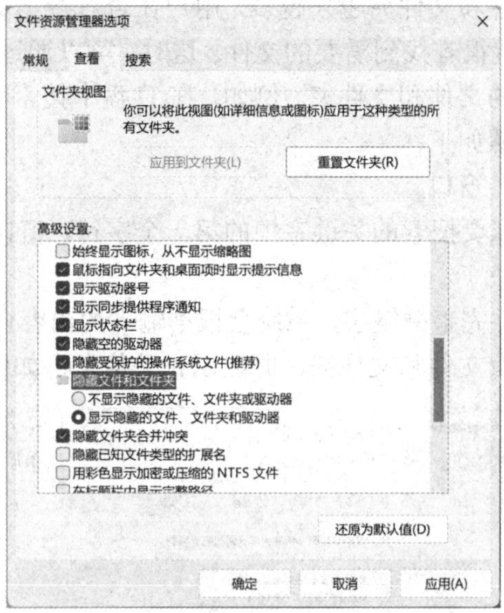

图 2-9　“文件资源管理器选项”对话框

方法 2：使用窗口功能选项区。

① 在桌面上双击“此电脑”图标，在打开的窗口功能选项区中选择“查看”→“显示”→“隐藏的项目”命令，如图 2-10 所示。

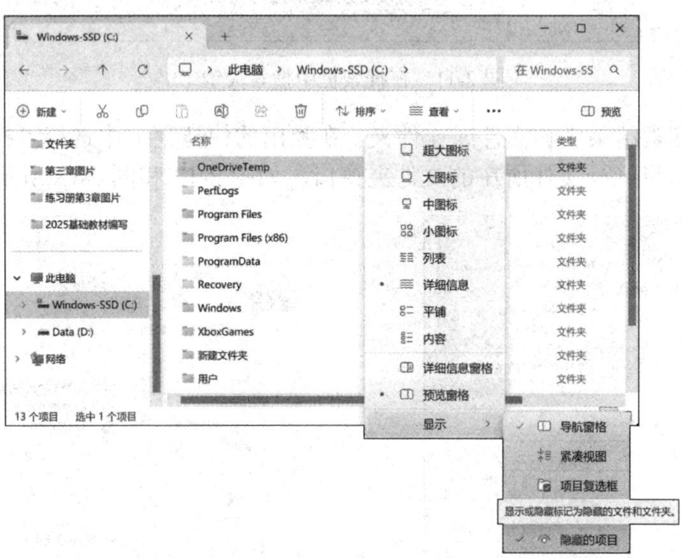

图 2-10　设置显示或隐藏文件

② 在打开的下拉列表中，若“隐藏的项目”复选框前面有“√”，则表示显示隐藏

文件或文件夹；若“隐藏的项目”复选框前面无“√”，则表示不显示隐藏文件或文件夹。

5. 搜索文件和文件夹

随着计算机中的文件和文件夹越来越多，用户在查看指定文件时，如果忘记了文件名称和保存位置，那么就很难找到需要的文件。这时，可以通过 Windows 提供的搜索功能来快速搜索计算机中的文件和文件夹。例如，在 D 盘中搜索名称中包含“计算机”的文件和文件夹，具体步骤如下：

（1）打开“此电脑”窗口。

（2）在搜索框中输入要搜索的关键字中的第一个字符，窗口中立刻自动筛选出包含该字符的文件和文件夹。

（3）继续输入字符并完善关键字，系统会根据输入的内容自动搜索文件或文件夹名称中包含该关键字的所有文件和文件夹，并显示相关信息，如图 2-11 所示。

图 2-11　在搜索框中搜索关键字

（4）右击搜索结果中的文件或文件夹，在弹出的快捷菜单中选择“打开文件所在的位置”命令，即可打开文件所在的文件夹窗口，如图 2-12 和图 2-13 所示。

图 2-12　快捷菜单

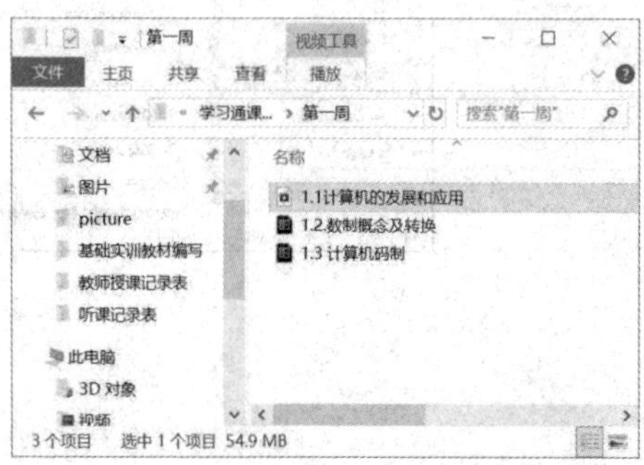

图 2-13　打开文件所在的文件夹窗口

（5）单击搜索后，功能选项区会显示“搜索选项”按钮，单击该按钮打开其下拉列表，如图 2-14 所示，可根据需要进一步筛选文件的类型、大小和修改日期等，也可在该列表中选择“更改索引位置”命令。

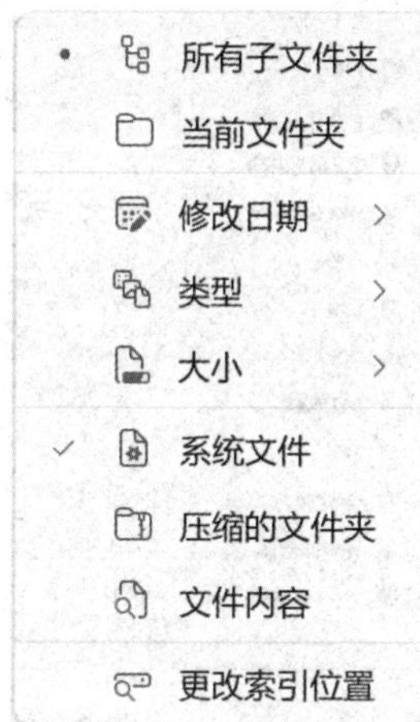

图 2-14 “搜索选项”下拉列表

通过搜索框进行搜索时，需要先进入相应的搜索范围窗口，如打开“此电脑”窗口直接进行搜索，那么搜索的范围为所有磁盘；若进入 D 盘窗口进行搜索，则搜索范围为整个 D 盘；同样，如果进入下级文件夹进行搜索，如 C:\Windows 目录，则搜索范围为 Windows 文件夹窗口。

实验 2.2 显示与个性化设置

【实验目的】

熟练掌握显示属性与个性化设置。

熟练调整 Windows 11 的分辨率、桌面等显示参数设置。

【实验内容】

（1）调整屏幕分辨率。

（2）设置桌面背景。

（3）更改屏幕保护程序。

【操作步骤】

1. 调整屏幕分辨率

（1）在桌面空白处右击，在弹出的快捷菜单中选择“显示设置”命令，如图 2-15 所示。

（2）在打开的显示设置窗口中选择“显示器分辨率”选项，在其下拉列表中调整要设置的分辨率，如图 2-16 所示。

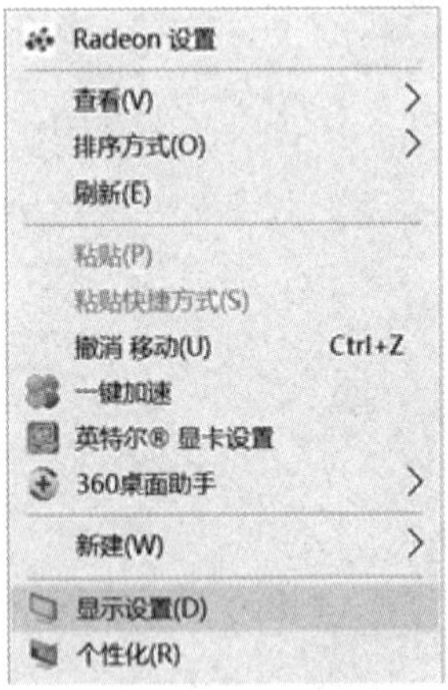

图 2-15 选择“显示设置”命令

图 2-16 设置显示器分辨率

（3）选择调整好分辨率后，在弹出的提示框中单击“保留更改”按钮即可。

2. 设置桌面背景

（1）在桌面空白处右击，在弹出的快捷菜单中选择“个性化”命令，如图 2-17 所示。

（2）在弹出的窗口中选择“背景”选项。在右侧主窗格的“背景”下拉列表中选择“图片”选项，然后在“选择图片”区域选择需要作为背景的图片，如图 2-18 所示。如果没有喜爱的图片，可以单击“浏览”按钮，指定计算机中的某个图片作为桌面背景。

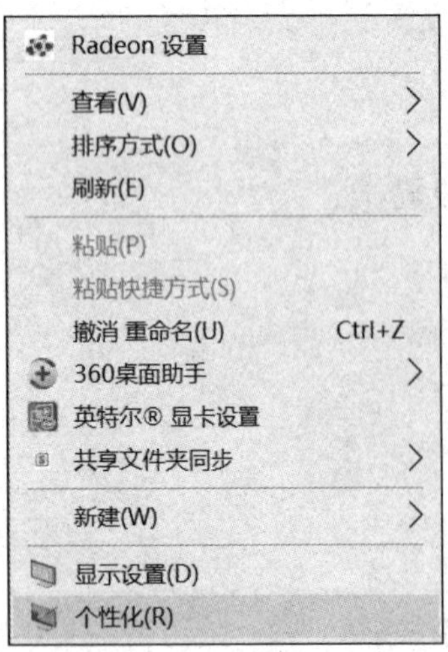

图 2-17 选择“个性化”命令

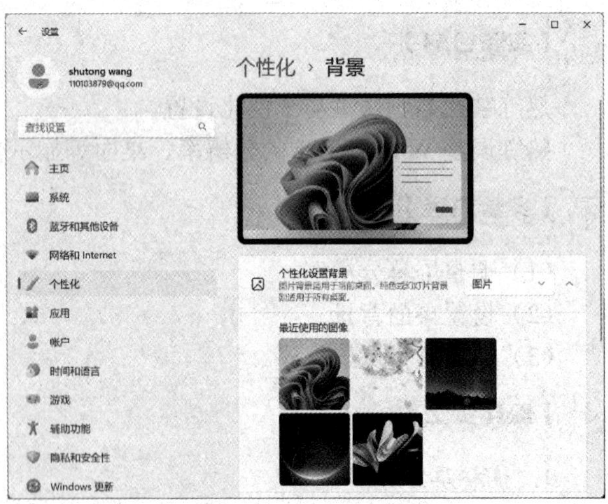

图 2-18 设置桌面背景

3. 更改屏幕保护程序

（1）在桌面空白处右击，在弹出的快捷菜单中选择“个性化”命令。

（2）在弹出窗口的右侧窗格中选择“锁屏界面”选项，单击右侧窗格下方的“屏幕保护程序”选项，如图 2-19 所示。

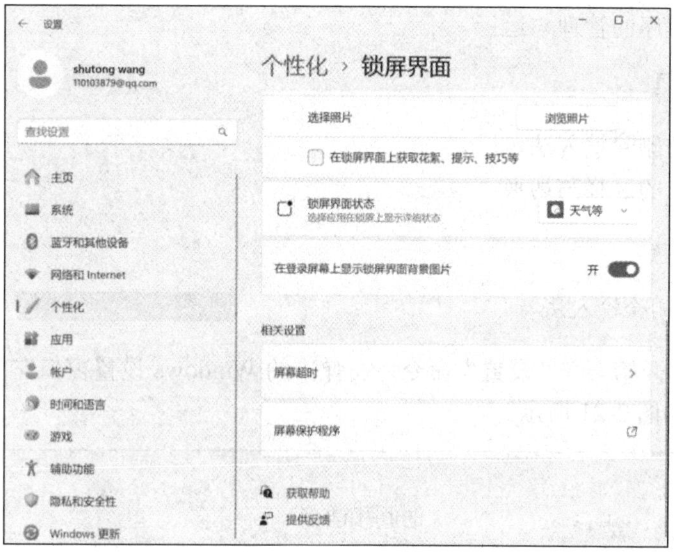

图 2-19　锁屏界面

（3）打开“屏幕保护程序设置”对话框，在“屏幕保护程序”下拉列表框中选择需要的屏幕保护程序，并单击“设置”按钮进行详细的设置，如图 2-20 所示。

图 2-20　“屏幕保护程序设置”对话框

实验 2.3 输入法设置

【实验目的】

熟练掌握 Windows 区域语言及输入法的设置。

掌握应用程序的管理与运行。

【实验内容】

（1）添加与删除输入法。

（2）输入法的选择与切换。

【操作步骤】

1. 添加与删除输入法

（1）选择“开始”→“设置”命令，在弹出的 Windows 设置窗口左侧选择“时间和语言”选项，如图 2-21 所示。

图 2-21 “时间和语言”选项

（2）在弹出窗口的右侧窗格选择“语言和区域”选项，之后在弹出界面的右侧窗格的语言列表下面的“中文（简体，中国）”右侧，将鼠标悬停在“…”上弹出“更多选项”下拉列表，选择“语言选项”，如图 2-22 所示。

图 2-22　语言和区域

（3）在弹出窗口下面的“键盘”区域单击“添加键盘”按钮，然后从弹出的列表中选择需要的输入法“微软五笔”，即可将该输入法添加到任务栏的输入法列表中，如图 2-23 所示。

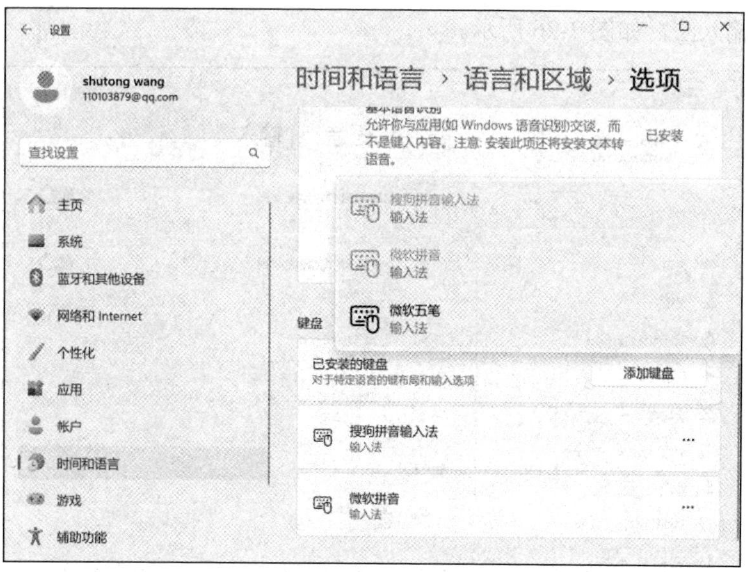

图 2-23　添加输入法

（4）在“键盘”区域中选择不需要的输入法，以“微软五笔”为例，单击其右侧“键盘选项”中的“删除”按钮，即可将“微软五笔”输入法从任务栏的输入法列表中删除，如图 2-24 所示。

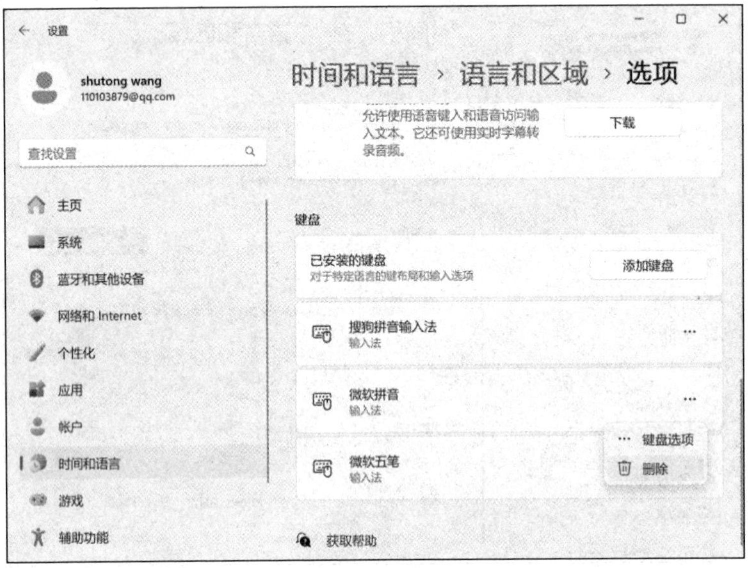

图 2-24 删除输入法

2. 输入法的选择和切换

（1）在“时间和语言”右侧窗格中单击“输入”命令后，再单击“高级键盘设置”链接，如图 2-25 所示。在弹出窗格的“替代默认输入法”区域下选择需要的输入法即可设置默认输入法，如图 2-26 所示。

图 2-25 高级键盘设置

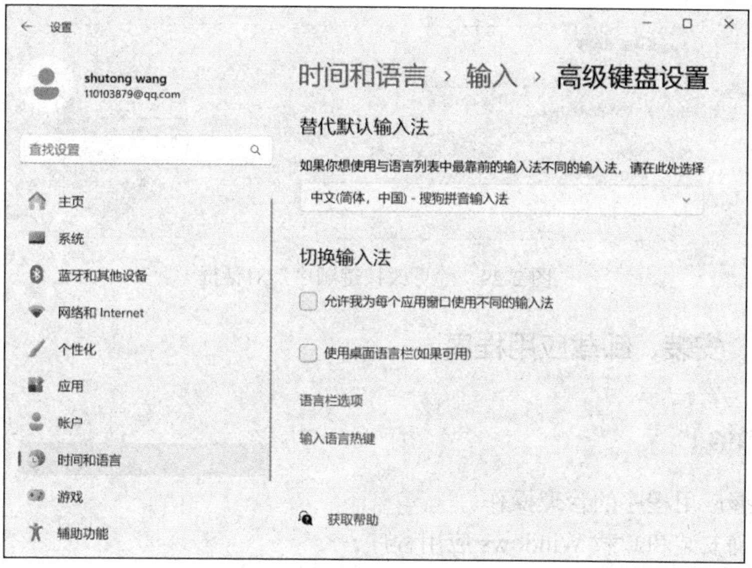

图 2-26　默认输入法切换

（2）在“高级键盘设置”窗格单击“语言栏选项”按钮，弹出“文本服务和输入语言”对话框，在该对话框的“语言栏”选项卡中可以设置语言栏的停靠位置、是否隐藏等，如图 2-27 所示；切换到“高级键设置”选项卡，在“输入语言的热键”区域下的列表框中根据需要选择一个选项后单击“更改按键顺序”按钮，如图 2-28 所示。

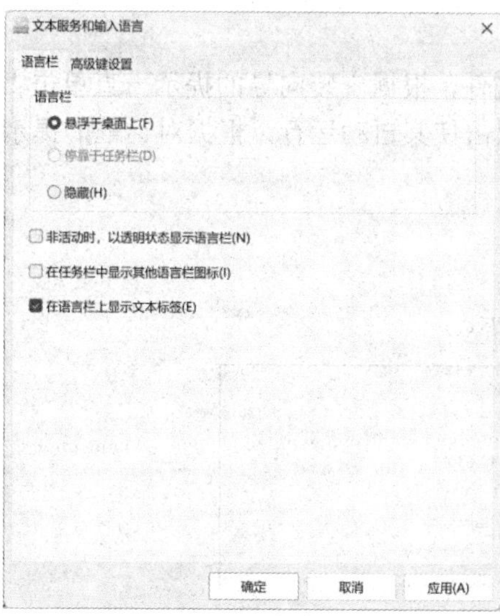

图 2-27　语言栏设置

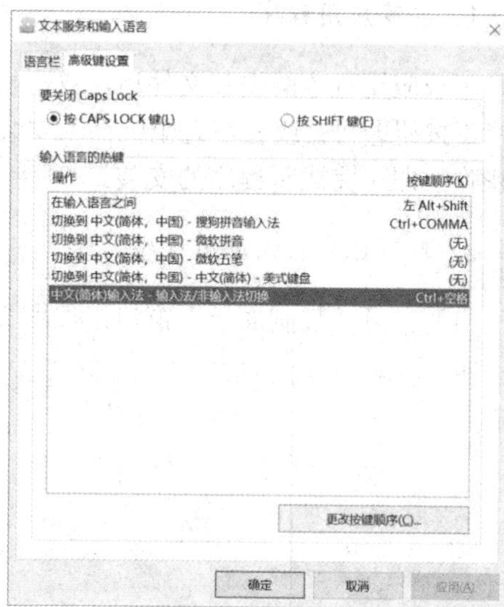

图 2-28　高级键设置

（3）在弹出的“更改按键顺序”对话框中设置按键顺序后，单击“确定”按钮，如图 2-29 所示。

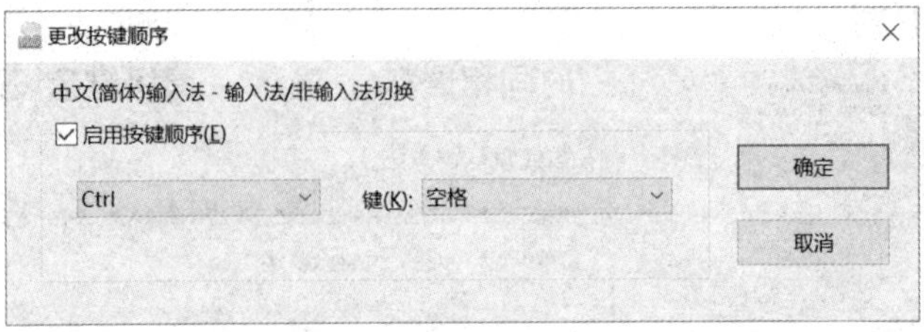

图 2-29 “更改按键顺序”对话框

实验 2.4 安装、卸载应用程序

【实验目的】

熟练掌握应用程序的管理操作。

能够正确安装和卸载 Windows 应用程序。

【实验内容】

（1）安装应用程序。

（2）卸载已安装的应用程序。

【操作步骤】

1. 安装应用程序

下载应用程序的安装文件后，双击执行该文件，根据安装向导的提示一直单击“下一步”按钮即可；或者在光驱中插入安装盘，双击使其自动运行，根据对话框的提示进行操作，即可完成新程序的安装。

2. 卸载已安装的应用程序

（1）打开“控制面板”窗口，如图 2-30 所示。

图 2-30 “控制面板”窗口

（2）选择“控制面板”窗口中的“程序”选项，然后在弹出的窗口中单击“程序和功能”区域下的“卸载程序”链接，如图 2-31 所示。

图 2-31　“程序和功能”区域

（3）在“当前安装的程序”列表框中选中要删除的应用程序，然后单击“卸载/更改”按钮即可删除，如图 2-32 所示。

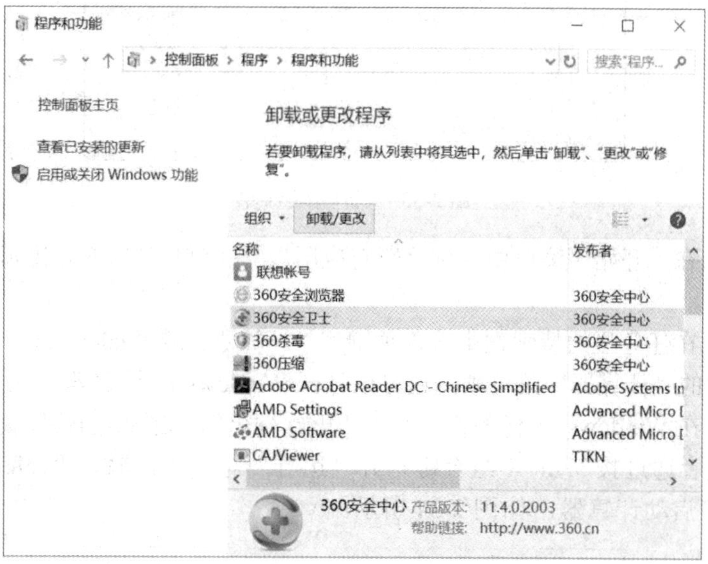

图 2-32　卸载或更改程序

实验 2.5　计算器的使用

【实验目的】

掌握 Windows 11 计算器的使用方法。

熟练运用计算器进行各种科学运算。

【实验内容】

（1）计算器的启动方法。

（2）使用计算器进行计算。

【操作步骤】

1. 计算器的启动方法

启动 Windows 11 计算器的方法主要有以下几种。

方法 1：选择“开始”菜单→“已固定”→“计算器”命令，即可启动计算器，如图 2-33 所示。

图 2-33 “开始”菜单

方法 2：在“开始”菜单中找到“所有应用”，在字母“J”下方找到“计算器”图标并单击打开。

方法 3：在任务栏的搜索框中输入关键词“计算器”或“calculator”进行搜索，单击搜索结果中的“计算器”菜单项，也可以打开 Windows 11 计算器。

方法 4：在 Windows 11 任务栏中右击“开始”按钮，在弹出的快捷菜单中选择“运行”命令，或者通过按 Win+R 组合键打开“运行”对话框，输入“calc”后单击“确定”按钮直接启动计算器，如图 2-34 所示。

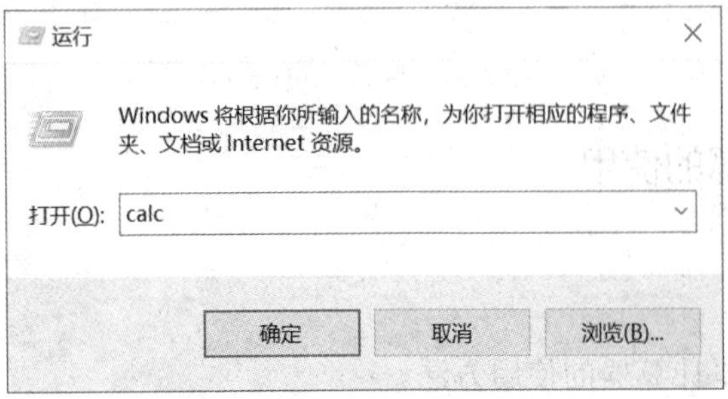

图 2-34 “运行”对话框

2. 使用计算机进行计算

打开 Windows 11 计算器，如图 2-35 所示。打开左上角菜单栏计算器可以切换不同模式，包括标准、科学、绘图、程序员等多种计算模式，还可以进行日期计算和各种单位的转换，如图 2-36 所示。

图 2-35　计算器

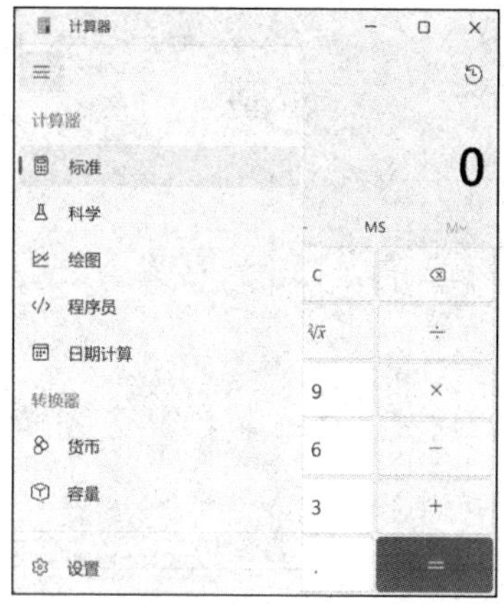

图 2-36　计算器模式切换

下面以一道题为例，讲解计算器的使用方法。

例：计算（5^4−128）×sin35°，将计算结果保存在新建文本文件中，文本文件命名为“运算结果”。

具体操作步骤如下：

（1）打开“计算器”，单击左上方的“打开导航”选项，将计算模式切换为“科学”，如图 2-37 所示。

（2）本题分为两步运算，首先计算括号中的减法（5^4−128）：在计算器界面上单击底数“5”，再单击“x^y”，然后单击幂次“4”，最后单击“=”即可得到 5^4 的结果，为 625，如图 2-38 所示；对 625 与 128 做减法得到括号内的运算结果，如图 2-39 所示。

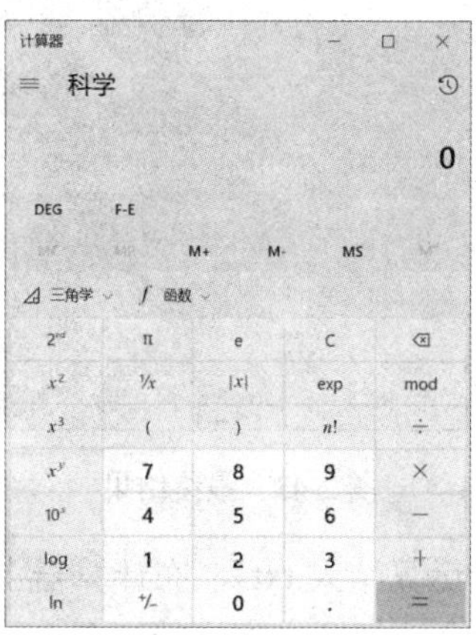

图 2-37　科学计算器

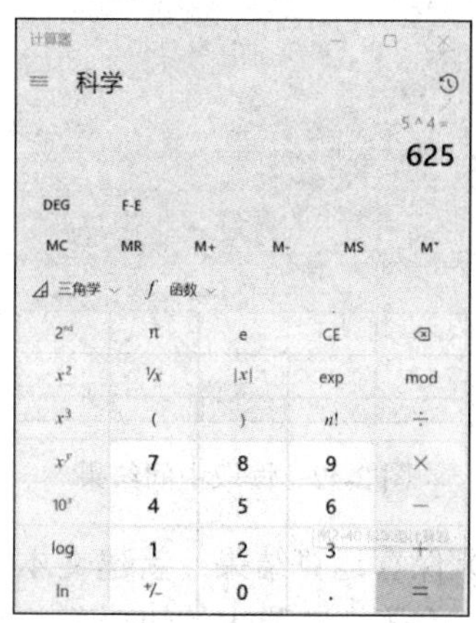

图 2-38　计算 5^4

（3）为进行下一步计算，需要保存中间运算结果，单击计算器数字上方的内存存储键“MS”，即可将中间计算结果存储在计算器内存中。

（4）计算三角函数 sin35°：首先选中表示角度的数字 35，在“三角学”下拉列表中选择“sin”选项，如图 2-40 所示，得到的结果如图 2-41 所示。

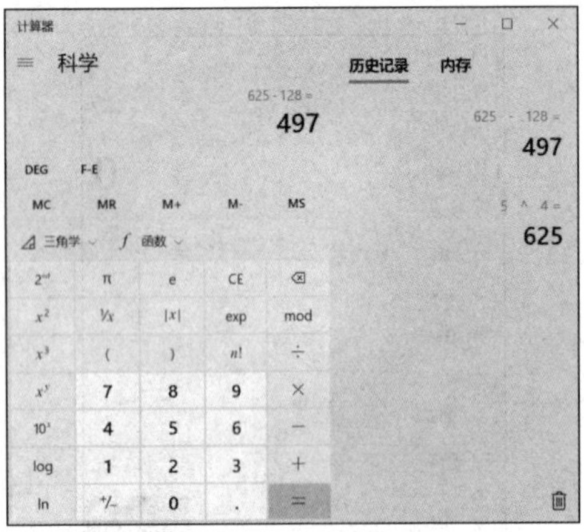

图 2-39 （5^4−128）的运算结果

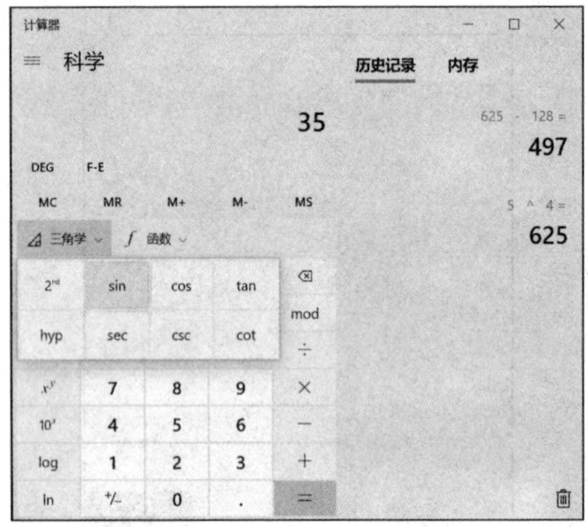

图 2-40 计算三角函数

图 2-41 三角函数结果

（5）计算乘法：得到三角函数计算结果后单击乘号“×”，读取内存中的中间结果单击“MR”，如图 2-42 所示；最后单击“=”即可得到本题的最终结果，如图 2-43 所示。

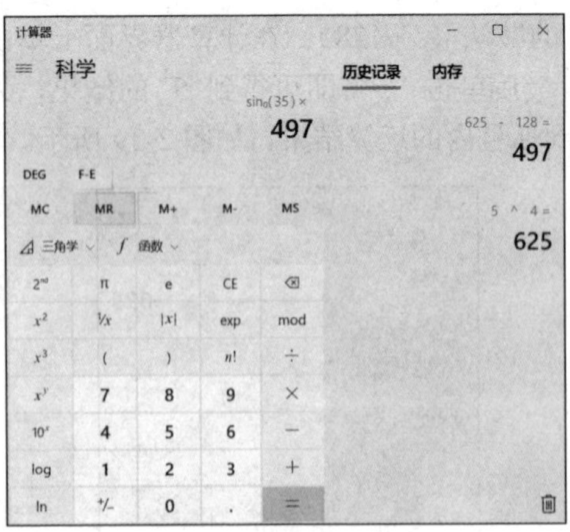

图 2-42 读取中间结果

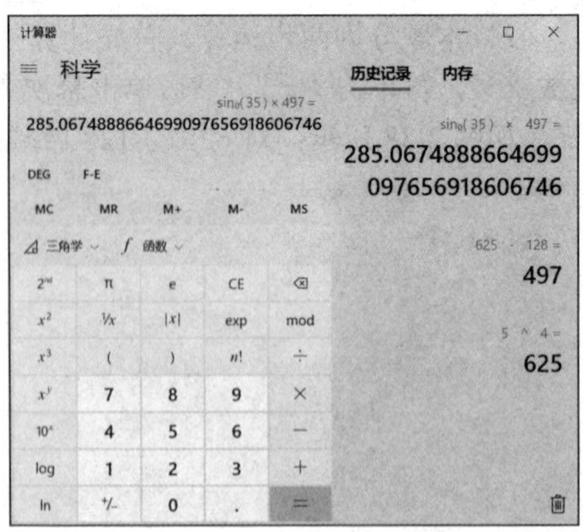

图 2-43 最终结果

（6）保存运算结果：新建文本文档，重命名为“运算结果.txt”，在计算器上选中计算结果，右击，在弹出的快捷菜单中选择“复制”命令，打开文本文档，右击，在弹出的快捷菜单中选择“粘贴”命令，即将运算结果复制到文本文件中，保存后关闭。

说明： 计算器数字上方的字母组合的含义：MC 表示清除计算器内存数据，MR 表示读取计算器内存数据，M+表示计算结果并加上已经存储的数，MS 表示将所显示的数存入计算器内存中，存储器中原有的数据被清除。

实验 2.6　文件操作管理

【实验目的】

熟练掌握 Windows 11 文件及文件夹管理操作。

熟悉创建、删除、搜索、隐藏文件等操作。

【实验内容】

（1）在 D 盘下创建如图 2-44 所示的目录结构。

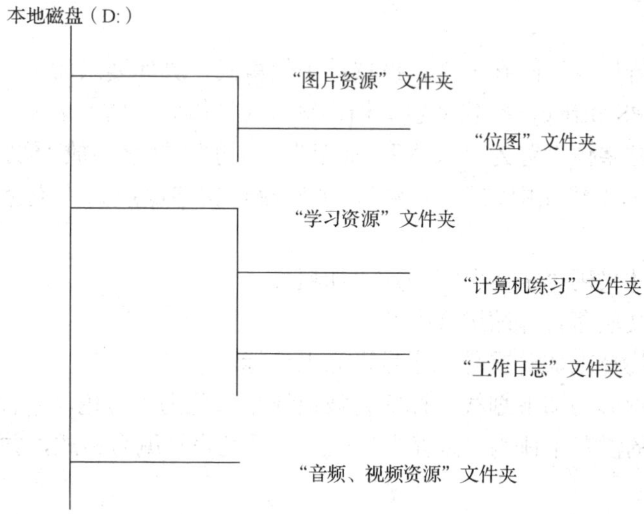

图 2-44　文件夹操作扩展练习

（2）搜索“C:\Windows”文件夹下所有文件名中包含“setup”的文件，并以大图标的显示方式查看。

（3）将搜索结果除文件夹外的全部文件复制到“D:\学习资源\工作日志”目录中，并显示该目录下所有文件的扩展名。

（4）在“计算机练习”文件夹中新建一个 Word 文档，重命名为“文字处理”，设置为只读文档。

（5）隐藏“位图”文件夹。

（6）删除“音频、视频资源”文件夹，在回收站中恢复删除的文件夹。

（7）设置 C 盘回收站的最大空间为 9000MB。

【操作步骤】

本实验请读者参照实验 2.1 的操作步骤自行完成。

实验 3 WPS 文字处理

实验 3.1 诗词的排版

【实验目的】

熟练掌握 WPS 文字文档的中文字与符号的正确输入。

熟练掌握 WPS 文字文档字体格式化的设置方法。

初步掌握段落设置中缩进分栏的设置。

【实验内容】

对毛泽东的诗词《沁园春・雪》设置精美的格式，具体要求如下：

（1）打开 WPS Office，新建文字文档，输入《沁园春・雪》的文字内容。

（2）文章标题字体设置为“宋体”“加粗”“小初”，文字缩放 150%，居中对齐。

（3）作者名为“华文中宋”“二号”，加底纹，文字底纹为“橙色，着色 4，淡色 60%”，右对齐。

（4）正文字体采用“宋体”“三号”“加粗”。

（5）所有正文段落首行缩进 2 字符。

（6）文中的注释项加着重号，序号设为上角标。

（7）给文档中心句加下划线，样式为波浪线，颜色为“橙色，个性色 2”。

（8）文档后的注释字体为“宋体”“四号”，手动设置编号格式，并且分两栏，栏间距为 22 磅。

最终效果如图 3-1 所示。

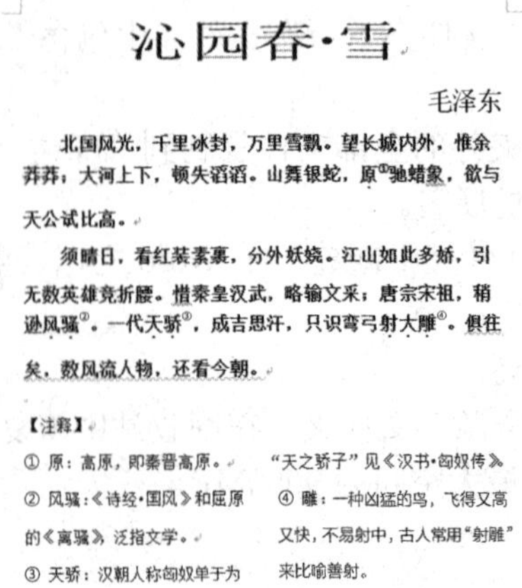

沁园春·雪

毛泽东

北国风光，千里冰封，万里雪飘。望长城内外，惟余莽莽；大河上下，顿失滔滔。山舞银蛇，原①驰蜡象，欲与天公试比高。

须晴日，看红装素裹，分外妖娆。江山如此多娇，引无数英雄竞折腰。惜秦皇汉武，略输文采；唐宗宋祖，稍逊风骚②。一代天骄③，成吉思汗，只识弯弓射大雕④。俱往矣，数风流人物，还看今朝。

【注释】

① 原：高原，即秦晋高原。

② 风骚：《诗经·国风》和屈原的《离骚》，泛指文学。

③ 天骄：汉朝人称匈奴单于为“天之骄子”见《汉书·匈奴传》

④ 雕：一种凶猛的鸟，飞得又高又快，不易射中，古人常用“射雕”来比喻善射。

图 3-1 实验 3.1 样张

【操作步骤】

（1）打开 WPS Office，新建空白文档，输入《沁园春・雪》的文字内容，如图 3-2 所示。“・”的输入：单击“插入”→“符号”→“符号”下拉按钮，在弹出的下拉列表中选择“其他符号”选项，打开“符号”对话框，在“符号”选项卡下的“字体”下拉列表中选择“Wingdings”，在“字符代码”文本框中输入 159，即可找到“・”。注释中带圈字符的输入：在“符号”选项卡下“字体”下拉列表中选择“宋体”，在“子集”下拉列表中选择“带括号的字母数组”，如①的字符代码为 2460，如图 3-3 所示。

沁园春•雪

毛泽东

北国风光，千里冰封，万里雪飘。望长城内外，惟余莽莽；大河上下，顿失滔滔。山舞银蛇，原驰蜡象，欲与天公试比高。

须晴日，看红装素裹，分外妖娆，江山如此多娇，引无数英雄竞折腰。惜秦皇汉武，略输文采；唐宗宋祖，稍逊风骚。一代天骄，成吉思汗，只识弯弓射大雕。俱往矣，数风流人物，还看今朝。

【注释】

①原：高原，即秦晋高原。

②风骚：《诗经•国风》和屈原的《离骚》，泛指文学。

③天骄：汉朝人称匈奴为“天之骄子”见《汉书•匈奴传》。

④射雕：《史记•李广传》成匈奴善射者为“射雕者”。

图 3-2　原文内容

图 3-3　“符号”对话框

（2）文章标题字体设置为“宋体”“加粗”“小初”，文字缩放 150%，居中对齐。选中文章标题“沁园春・雪”，右击，在弹出的快捷菜单中选择“字体”命令，打开“字体”对话框，在“字体”选项卡下调整字体、字形及字号，然后单击“字体”对话框中的“字符间距”选项卡，在“缩放”下拉列表中选择“150%”，如图 3-4 所示。然后单击“开始”→“段落”→“居中”按钮，设置标题居中。

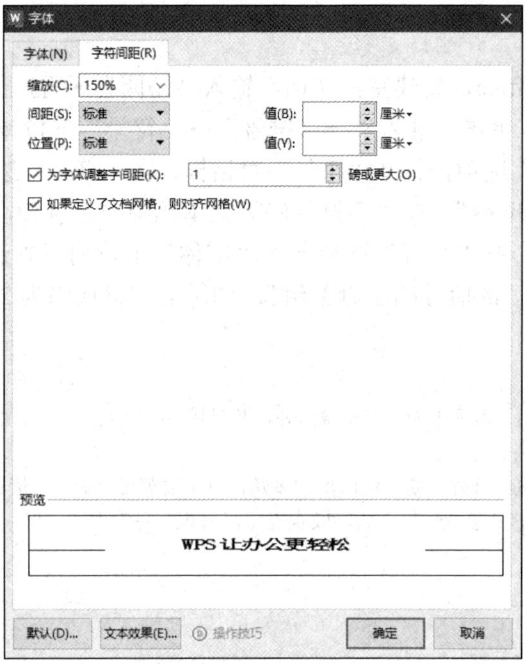

图 3-4　文字缩放操作

（3）作者名为“华文中宋”“二号”，加底纹，文字底纹为“橙色，着色 4，浅色 60%”，右对齐。选中作者名设置字体、字号，单击“开始”→“段落”→“边框”下拉按钮，在弹出的下拉列表中选择“边框和底纹”选项，打开“边框和底纹”对话框，切换到“底纹”选项卡，在“填充”下拉列表中选择“橙色，着色 4，浅色 60%”，在“应用于”下拉列表中选择“文字”选项，如图 3-5 所示。单击“开始”→“段落”→“右对齐”按钮，将文字设置为右对齐。

（4）正文字体采用“宋体”“三号”“加粗”。选中正文第 1、2 段，右击选中区域，在弹出的快捷菜单中选择“字体”命令，在打开的“字体”对话框“字体”选项卡中设置字体、字形和字号。

（5）所有正文段落首行缩进 2 字符。选中正文第 1、2 段，右击选中区域，在弹出的快捷菜单中选择“段落”命令，打开“段落”对话框，单击“缩进和间距”选项卡，在“缩进”选项区域中的“特殊格式”下拉列表中选择“首行缩进”选项，并设置“度量值”为“2 字符”，如图 3-6 所示。

（6）文中的注释项加着重号，序号设为上角标。对应注释找到文章需要加着重号的文字，在“字体”选项卡“所有文字”选项区域中的“着重号”下拉列表中选择“•”选项，如图 3-7 所示。然后单击“开始”→“剪贴板”→“格式刷”按钮，设置其他需要加着重号的文字。为有着重号的文字添加上角标，在文字后插入编号，首先单击“插入”→“符号”→“编号”按钮，打开“插入编号”对话框，在“数字”文本框中输入“1”，并在“数字类型”列表框中选择“①,②,③…”选项，如图 3-8 所示。然后打开“字体”对话框，“字号”选择三号字并选中“上标”复选框，注意“着重号”下拉列表中选择“无”选项，采用同样的方法为其他需要注释的文字加上序号。

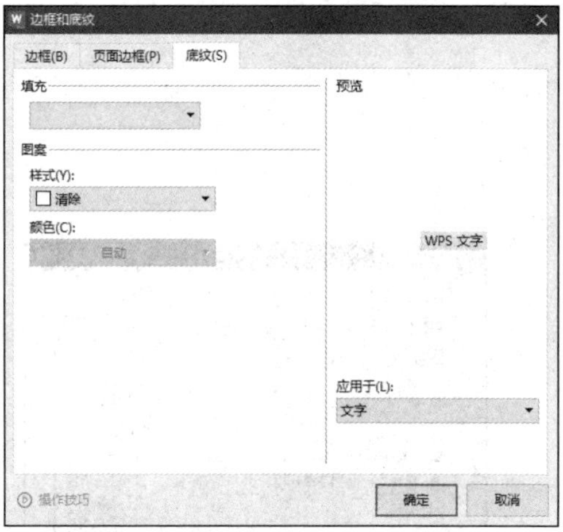

图 3-5 “边框和底纹”对话框“底纹”选项卡

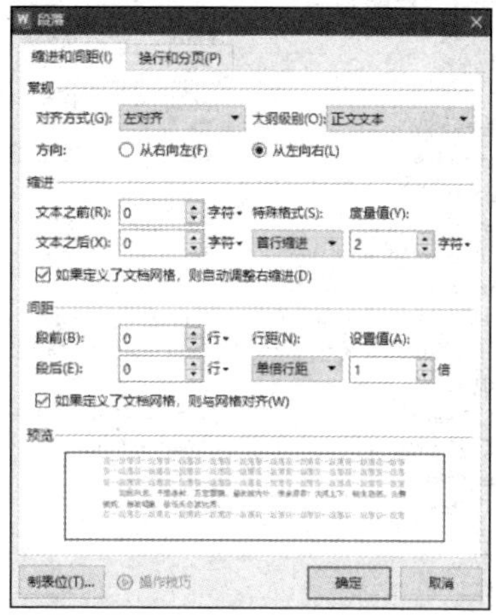

图 3-6 “段落”对话框

图 3-7 在“字体”对话框中选择着重号

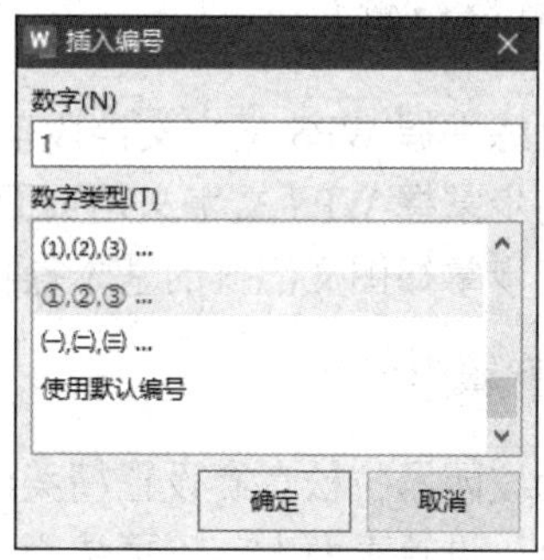

图 3-8 “插入编号”对话框

（7）给文档中心句加下划线，样式为波浪线，颜色为“橙色，个性色 2”。选中文档中心句，右击，在弹出的快捷菜单中选择“字体”命令，打开“字体”对话框，设置“下划线线型”及“下划线颜色”，如图 3-9 所示。

（8）文档后的注释字体为“宋体”“四号”，手动设置编号格式，并且分两栏，栏间距为 22 磅。在“字体”选项卡下设置字体字号。分栏设置，首先选中注释文字，然后单击“页面布局”→“页面设置”→“分栏”下拉按钮，在弹出的下拉列表中选择“更多分栏”选项，打开“分栏”对话框，选择“两栏”选项，在“间距”文本框中输入“22”，后面度量单位选择“磅”，如图 3-10 所示。

图 3-9　在“字体”对话框中设置下划线

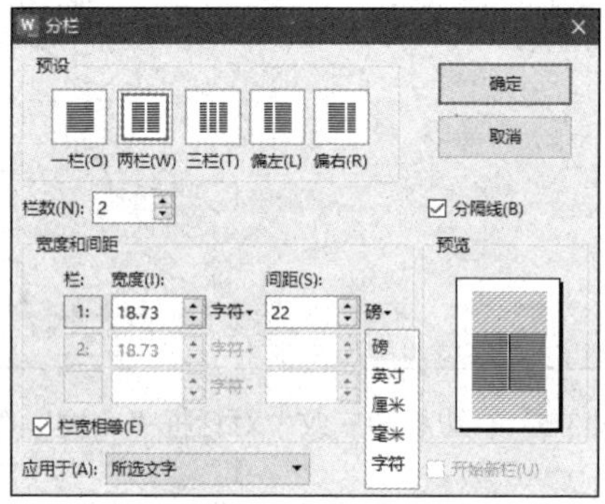

图 3-10　“分栏”对话框

实验 3.2　活动策划的排版

【实验目的】

熟练掌握 WPS 文字文档段落格式化设置的操作方法。

初步掌握 WPS 文字文档页面格式化的操作方法。

初步掌握图文混排的基本操作方法。

【实验内容】

为校园马拉松竞赛设置精美活动策划书，主题为“为爱奔跑”，具体要求如下：

（1）设置页面上、下页边距为 3 厘米。

（2）设置标题文字“为爱奔跑”字体为“华文行楷”，设置艺术字样式为“渐变填充-钢蓝”，艺术字效果为“紧密倒影，接触”，环绕方式为“上下型”，对齐方式为水平居中。

（3）设置副标题“——春季马拉松公益活动策划书”为“隶书”“三号”“右对齐”。为副标题设置脚注，脚注内容为“长春中医药大学第一届校园马拉松”。

（4）设置正文文字为“宋体”“四号”；正文内容段落设置为“首行缩进”“2 字符”。

（5）设置文档中内容：“活动背景：”“活动目的：”“活动内容：”为“黑体”“小三号”，并设置如样张所示的项目符号。

（6）在文档适当位置插入素材文件中的“pic9.jpg”图片，设置为“紧密型环绕”并调整到适当大小。

（7）在文档“5.活动流程：”后插入 6 行 2 列的表格，输入如样张所示的内容，字体与正文字体相同（“宋体”“四号”）。表格底纹为“钢蓝，着色 1，浅色 80%”，边框样式为“方框”，单实线，颜色为“钢蓝，着色 1”，宽度为“2.25 磅”，并应用于表格。

（8）页面底纹为纹理填充效果中的“纸纹 2”效果。

（9）为文档添加页码，位置为底部居中，第二页显示页码“1”。

最终效果如图 3-11 和图 3-12 所示。

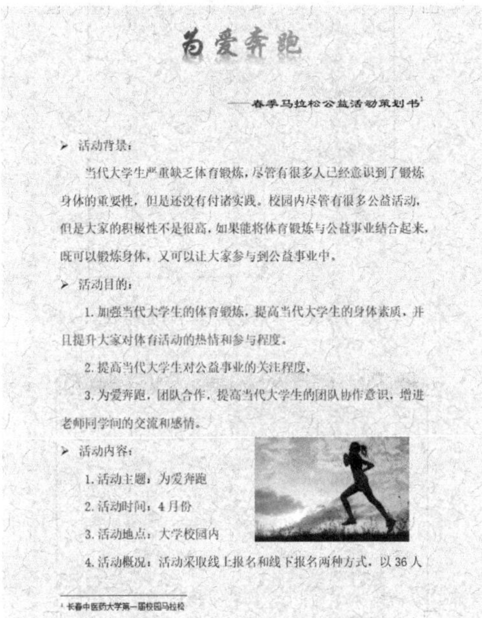
为爱奔跑

——春季马拉松公益活动策划书[1]

➢ 活动背景：

当代大学生严重缺乏体育锻炼，尽管有很多人已经意识到了锻炼身体的重要性，但是还没有付诸实践。校园内尽管有很多公益活动，但是大家的积极性不是很高，如果能将体育锻炼与公益事业结合起来，既可以锻炼身体，又可以让大家参与到公益事业中。

➢ 活动目的：

1. 加强当代大学生的体育锻炼，提高当代大学生的身体素质，并且提升大家对体育活动的热情和参与程度。

2. 提高当代大学生对公益事业的关注程度。

3. 为爱奔跑，团队合作，提高当代大学生的团队协作意识，增进老师同学间的交流和感情。

➢ 活动内容：

1. 活动主题：为爱奔跑

2. 活动时间：4 月份

3. 活动地点：大学校园内

4. 活动概况：活动采取线上报名和线下报名两种方式，以 36 人

[1] 长春中医药大学第一届校园马拉松

图 3-11　实验 3.2 样张 1

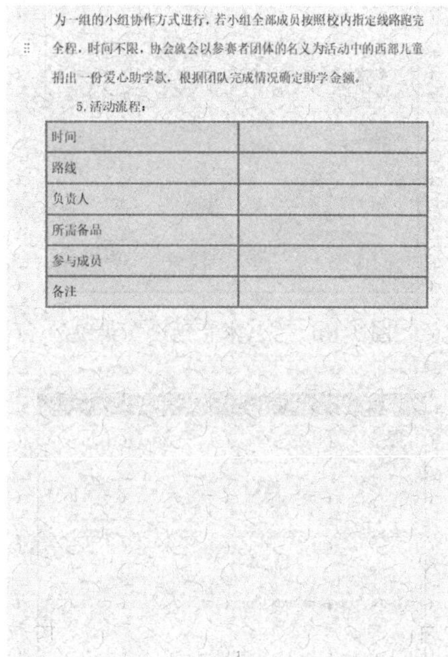
为一组的小组协作方式进行，若小组全部成员按照校内指定线路跑完全程，时间不限，协会就会以参赛者团体的名义为活动中的西部儿童捐出一份爱心助学款，根据团队完成情况确定助学金额。

5. 活动流程：

时间	
路线	
负责人	
所需备品	
参与成员	
备注	

图 3-12　实验 3.2 样张 2

【操作步骤】

（1）打开素材文档，单击“页面”→“页边距”下拉按钮，在弹出的下拉列表中选择“自定义边距”选项，打开“页面设置”对话框，在该对话框中设置页面上、下页边距为 3 厘米，如图 3-13 所示。

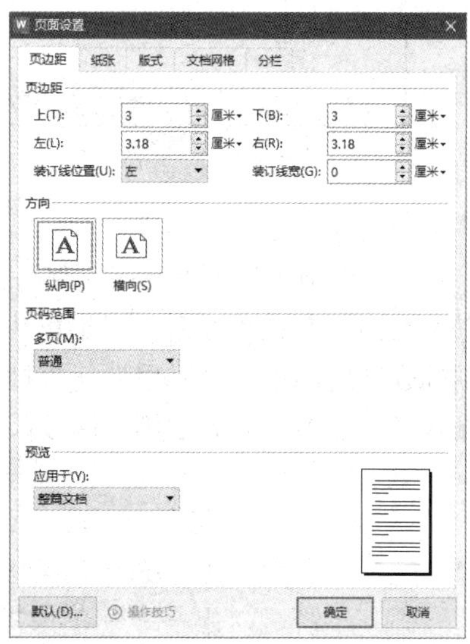

图 3-13　“页面设置”对话框

（2）选中标题文字“为爱奔跑”，设置字体为“华文行楷”。再次选中标题“为爱奔跑”，单击“插入”→“艺术字”下拉按钮，在弹出的下拉列表中选择预设第 2 行第 8 列艺术字样式“渐变填充-钢蓝”，如图 3-14 所示。在打开的“文本工具”选项卡中单击“效果”下拉按钮，在弹出的下拉列表中选择“倒影”→“倒影变体”→“紧密倒影，接触”，如图 3-15 所示。右击标题文字，在弹出的快捷菜单中选择“文字环绕”→“其他布局选项”命令，

打开“布局”对话框，在“文字环绕”选项卡的“环绕方式”选项区域中选择“上下型”选项，如图3-16（a）所示。在“位置”选项卡的“水平”选项区域中选中“对齐方式”单选按钮，并在其右侧的下拉列表中选择“居中”选项，如图3-16（b）所示。

图3-14 “艺术字预设”菜单

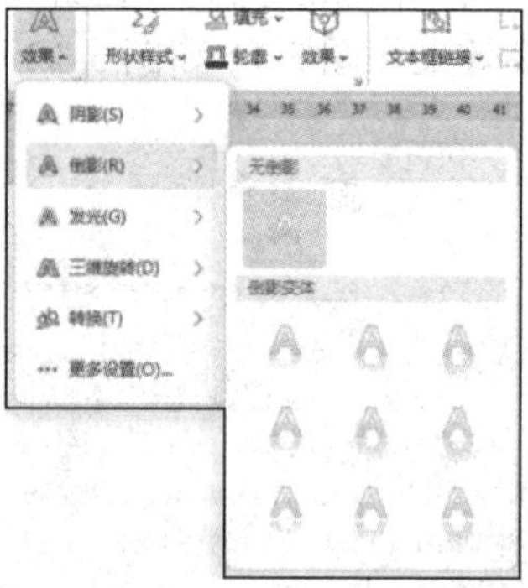

图3-15 “效果”下拉列表

（a）“文字环绕”选项卡

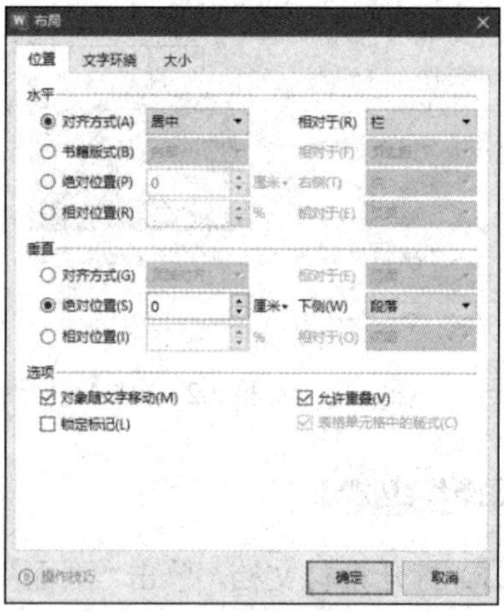

（b）“位置”选项卡

图3-16 “布局”对话框

（3）选中副标题“——春季马拉松公益活动策划书”，在“字体”对话框中设置“隶书”“三号”，在“段落”对话框中设置“右对齐”。为副标题设置脚注，将光标悬停在副标题结尾，单击“引用”→“插入脚注”按钮，如图3-17所示，在页面结尾脚注处输入“长春中医药大学第一届校园马拉松”。

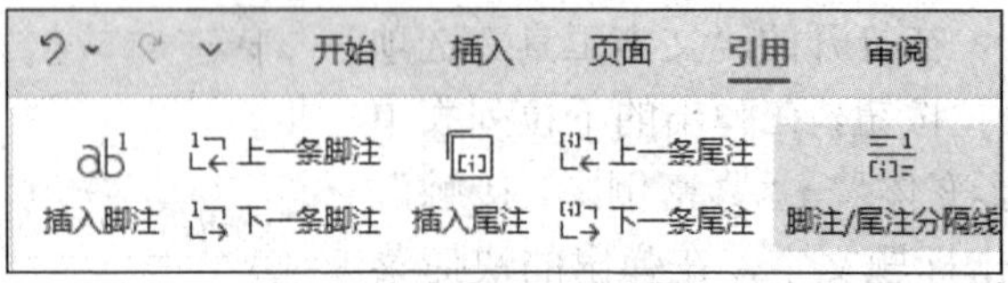

图3-17 插入尾注

（4）设置正文文字为“宋体”“四号”。选中正文所有段落，右击选中区域，在弹出的快捷菜单中选择“段落”命令，打开“段落”对话框，在该对话框的“特殊格式”下拉列表中选择“首行缩进”选项，并设置“度量值”为“2 字符”，如图 3-18 所示。

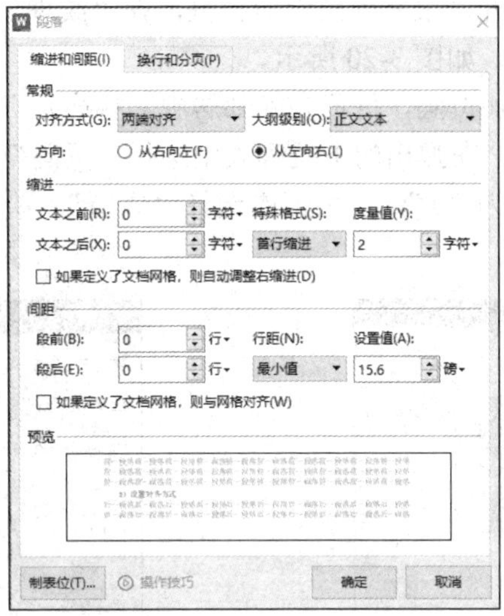

图 3-18 “段落”对话框

（5）设置文档中的内容“活动背景：”“活动目的：”“活动内容：”为“黑体”“小三号”。选中需要设置项目符号的内容，单击“开始”→“段落”→“项目符号”下拉按钮，在弹出的下拉列表中选择如样张所示的项目符号即可。

（6）单击文档中要插入图片的位置，然后单击“插入”→“图片”→“本地图片”按钮，打开“插入图片”对话框，在本地图片中找到素材图片“pic9.jpg”，即可插入图片。单击“布局选项”浮动图标，设置环绕方式为“紧密型环绕”并调整到适当大小，如图 3-19 所示。

图 3-19 设置环绕方式

（7）将光标定位到“5.活动流程：”后，单击“插入”→“表格”下拉按钮，在弹出的下拉列表中圈选 6 行 2 列表格，输入如样张所示的内容。

单击“表格样式”→“底纹”按钮，设置表格底纹为“钢蓝，着色 1，浅色 80%”，单击“表格样式”→“边框”下拉按钮，在弹出的下拉列表中选择“边框和底纹”命令，打开“边框和底纹”对话框，设置边框样式为“方框”，单实线，颜色为“钢蓝，着色 1”，宽度为“2.25 磅”，并应用于表格。

（8）单击“页面布局”→“背景”下拉按钮，在弹出的下拉列表中选择“其他背景”→“纹理”命令，打开“填充效果”对话框，在“纹理”选项卡下选择“纸纹 2”效果，单击“确定”按钮，如图 3-20 所示。

（9）为文档第二页添加页码，位置为底部居中。将插入点定位到第二页，单击“插入”→“页码”下拉按钮，在弹出的下拉列表中选择“页码”命令，打开“页码”对话框，将“起始页码”设置为“1”，应用范围选择“本节”，单击“确定”按钮，设置即完成，如图 3-21 所示。

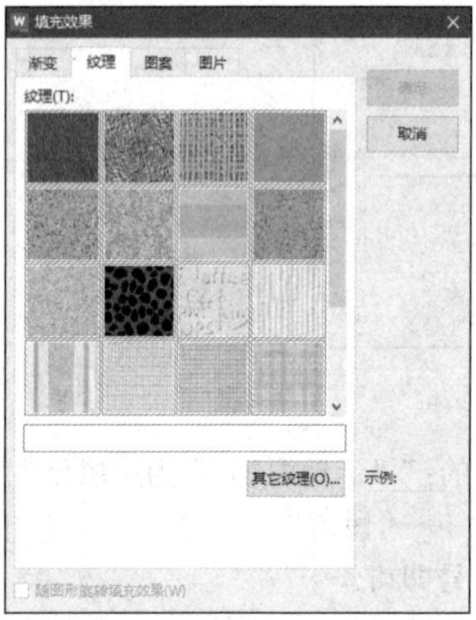

图 3-20 “填充效果”对话框

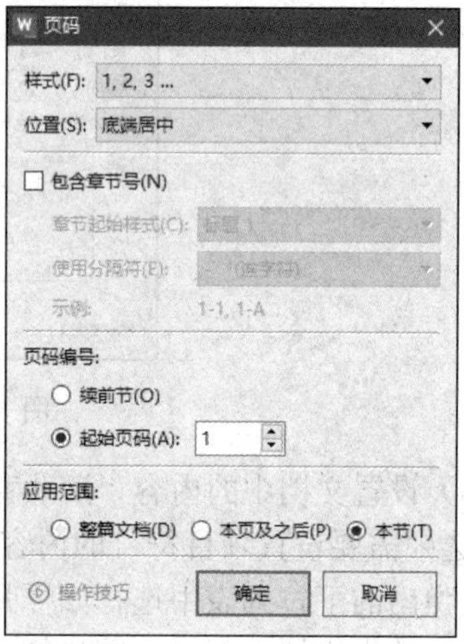

图 3-21 “页码”对话框

实验 3.3 板报的排版

【实验目的】

熟练掌握 WPS 文字文档图片格式化的方法。

熟练掌握 WPS 文字文档艺术字格式化设置的方法。

熟练掌握图文混排的操作方法。

【实验内容】

对文章“药王孙思邈的传奇故事”设置精美的格式，具体要求如下：

（1）打开素材文档，设置全文字体为“仿宋”，字号为“小三”。纸张方向为“横向”。

（2）为标题设置艺术字样式为“填充-钢蓝，着色 1，阴影”，文本效果为“转换”-“波形 1”。艺术字环绕为“四周型环绕”，调整到如样张所示的左上方合适位置。

（3）为正文第 2 段“行医之路”、第 5 段“编撰医书”添加如样张所示的项目符号（红色箭头项目符号）。

（4）最后一段设置“首字下沉”，下沉行数为“2”，字体为“隶书”，距正文 0.5 厘米。同时，将最后一段分两栏，加分隔线，栏间距为 1.5 字符。

（5）插入素材文件夹中的“背景”图片，衬于文字下方，图片大小设置为宽度 30 厘米、高度 21 厘米，作为页面背景图片调整到适当位置，并调整图片色彩为“灰度”。为第二页设置同样的背景。

（6）在文章第一页插入素材文件夹中的“中医”图片，紧密型环绕，图片大小设置为宽度 10 厘米、高度 9 厘米，置于第一页右下方。

（7）在文章第二页结尾处插入“人物”图片，图片大小设置为宽度 9 厘米、高度 5 厘米，衬于文字上方，水平翻转，置于第二页右下方。

最终效果如图 3-22 和图 3-23 所示。

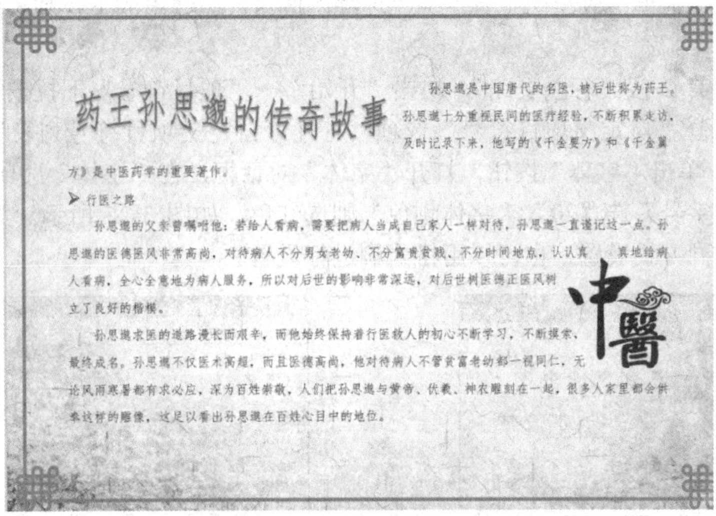

图 3-22 实验 3.3 样张 1

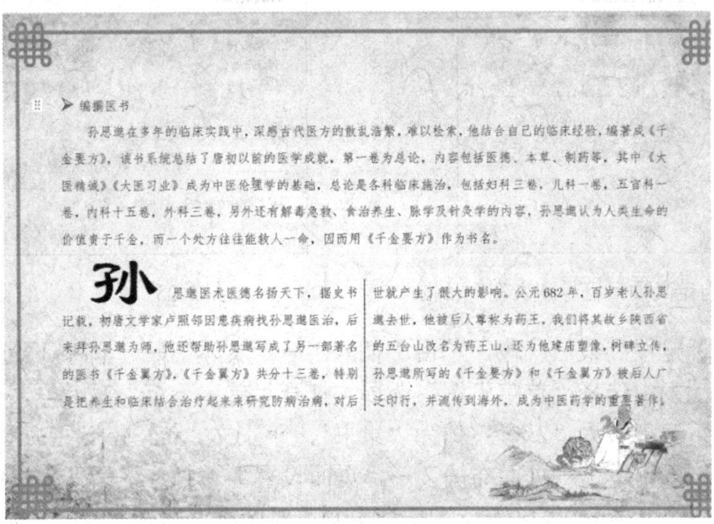

图 3-23 实验 3.3 样张 2

【操作步骤】

（1）打开素材文档，设置全文字体为“仿宋”，字号为“小三”。单击“页面”→“纸张方向”下拉按钮，在弹出的下拉列表中选择“横向”选项，即可将纸张方向调整为“横向”。

（2）为标题设置艺术字样式，选中标题文字“药王孙思邈的传奇故事”，单击“插入”→“艺术字”下拉按钮，在弹出的下拉列表中预设的艺术字样式中进行选择，即“填充-钢蓝，着色 1，阴影”。

选中艺术字，单击“文本工具”→“效果”下拉按钮，在弹出的下拉列表中选择“转换”→“波形 1”效果。

选中艺术字，单击“绘图工具”→“环绕”按钮，在弹出的下拉列表中选择“四周型环绕”选项。

（3）选中第 2 段“行医之路”，单击“开始”→“项目符号”下拉按钮，在弹出的下拉列表中选择“自定义项目符号”选项，打开“自定义项目符号列表”对话框，如图 3-24 所示。单击“字体”按钮，打开“字体”对话框，在“字体”选项卡下“字形”选“加粗”，“字号”选“20”，“字体颜色”则选红色，如图 3-25 所示。第 5 段“编撰医书”采用相同方式设置，也可以用格式刷进行设置。

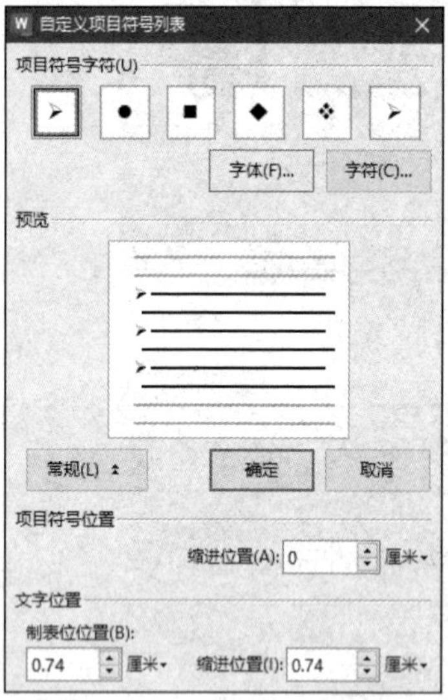

图 3-24 “自定义项目符号列表”对话框

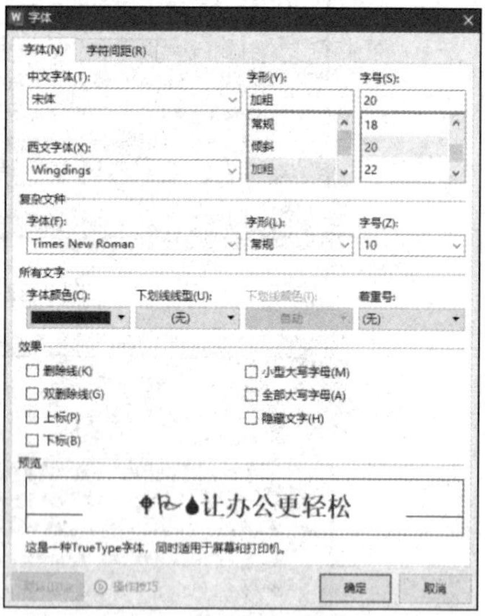

图 3-25 “字体”对话框

（4）将光标定位到最后一段，单击“插入”→“文本”→“首字下沉”下拉按钮，在弹出的下拉列表中选择“首字下沉”选项，打开“首字下沉”对话框，在“选项”选项区域中设置下沉行数为“2”，字体为“隶书”，距正文“0.5 厘米”，如图 3-26 所示。

选中最后一段，单击“页面布局”→“页面设置”→“分栏”下拉按钮，在弹出的下拉列表中选择“更多分栏”选项，打开“分栏”对话框，选择“两栏”选项，选中“分隔线”复选框，设置间距为“1.5 字符”，如图 3-27 所示。

图 3-26 “首字下沉”对话框

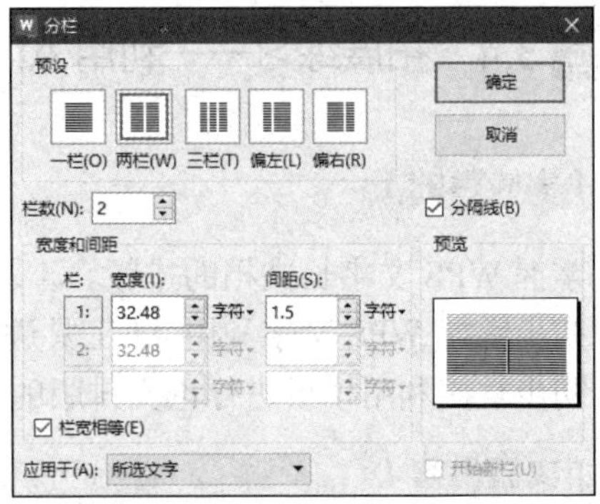

图 3-27 “分栏”对话框

（5）单击“插入”→“图片”→“本地图片”按钮，打开“插入图片”对话框，在素材文件夹位置找到“背景.jpg”，设置图片环绕方式为“衬于文字下方”。选中图片，单击“图片工具”→“大小”选项组右下方小箭头，打开“布局”对话框，在“大小”选项卡中取消选中“锁定纵横比”复选框，再将宽度修改为 30 厘米，高度修改为 21 厘米，如图 3-28 所示。

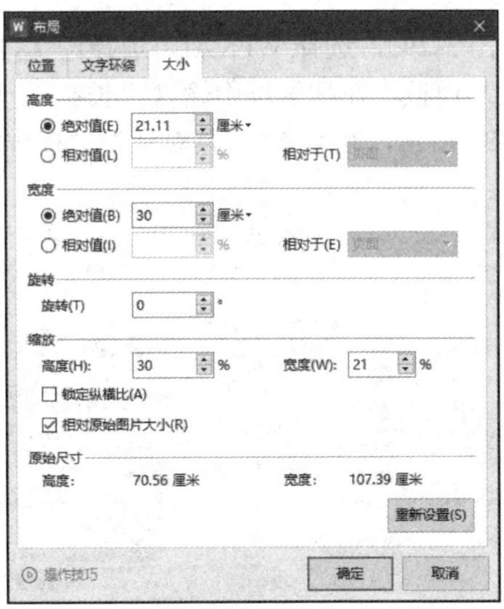

图 3-28 “布局”对话框“大小”选项卡

将设置好的图片作为页面背景调整到适当位置。选中图片，单击“图片工具”→“色彩”下拉按钮，在弹出的下拉列表中选择“灰度”选项。同理，为第二页设置同样的背景。

（6）在文章第一页插入素材文件夹中的“中医”图片，设置图片环绕方式为“紧密型环绕”，图片大小设置为宽度 10 厘米、高度 9 厘米，步骤同（5），并置于第一页右下方。

（7）在文章第二页结尾处插入“人物”图片，图片大小设置为宽度 9 厘米、高度 5 厘米，衬于文字上方。单击“图片工具”→“旋转”下拉按钮，在弹出的下拉列表中选择“水平翻转”选项，置于如样张所示的第二页右下方。

实验 3.4 拓展练习——利用 AI 工具完成论文排版

【实验目的】

掌握 WPS 文字长文档的排版。

初步掌握 WPS 文字利用 AI 工具进行目录设置方法。

初步掌握利用模板进行论文排版的方法。

【实验内容】

WPS 文字在长文档排版中提供了 AI 工具，如论文排版、公文排版等 AI 排版功能，能够很大程度上减少长文档排版的工作量，提高长文档排版的效率。本实验是拓展性实验，通过使用 WPS 中 AI 工具完成对素材文档排版的操作，熟悉 AI 工具使用的流程，并根据之前所学的 WPS Office 文字图文混排技巧，进一步完善论文排版。

论文排版主要包括摘要、页面、目录，正文、参考文献等方面的排版。

【操作步骤】

（1）打开素材文档（图 3-29），选择 WPS AI，选择论文排版功能（图 3-30）。

（2）选择学校学位论文模板。在搜索框中输入“长春”，选择“长春中医药大学本科全院系”模板，如图 3-31 所示，利用 AI 工具对素材进行排版。摘要和正文的初步效果如图 3-32 所示。

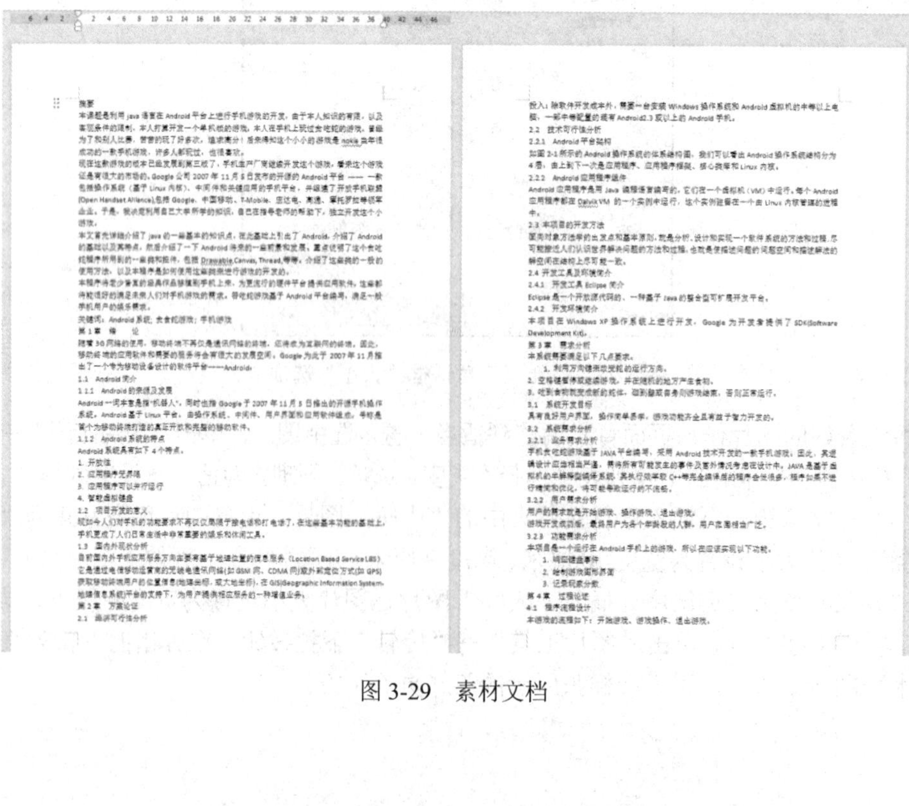

图 3-29 素材文档

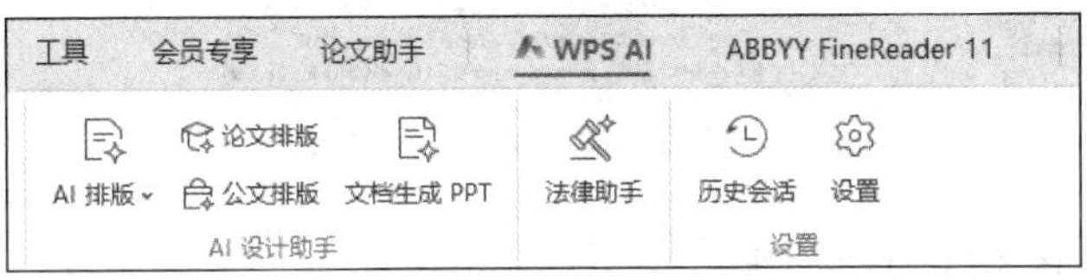

图 3-30 WPS AI-论文排版

图 3-31 选择学校学位论文模板

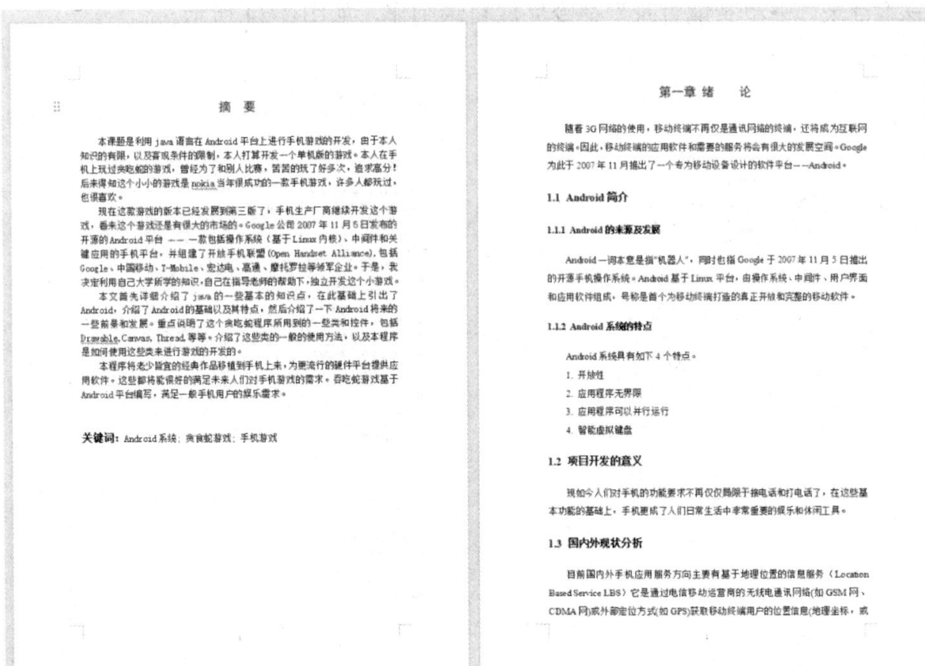
摘 要

本课题是利用 java 语言在 Android 平台上进行手机游戏的开发，由于本人知识的有限，以及客观条件的限制，本人打算开发一个单机版的游戏。本人在手机上玩过贪吃蛇的游戏，曾经为了和别人比赛，苦苦的玩了好多次，追求高分！后来得知这个小小的游戏是 nokia 当年很成功的一款手机游戏，许多人都玩过，也很喜欢。

现在这款游戏的版本已经发展到第三版了，手机生产厂商继续开发这个游戏，看来这个游戏还是有很大的市场的。Google 公司 2007 年 11 月 5 日发布的开源的 Android 平台 —— 一款包括操作系统（基于 Linux 内核）、中间件和关键应用的手机平台，并组建了开放手机联盟 (Open Handset Alliance)，包括 Google、中国移动、T-Mobile、宏达电、高通、摩托罗拉等领军企业。于是，我决定利用自己大学所学的知识，自己在指导老师的帮助下，独立开发这个小游戏。

本文首先详细介绍了 java 的一些基本的知识点，在此基础上引出了 Android，介绍了 Android 的基础以及其特点，然后介绍了一下 Android 将来的一些前景和发展。重点说明了这个贪吃蛇程序所用到的一些类和控件，包括 Drawable, Canvas, Thread 等等。介绍了这些类的一般的使用方法，以及本程序是如何使用这些类来进行游戏的开发的。

本程序将老少皆宜的经典作品移植到手机上来，为更流行的硬件平台提供应用软件。这些都将能很好的满足未来人们对手机游戏的需求。吞吃蛇游戏基于 Android 平台编写，满足一般手机用户的娱乐需求。

关键词： Android 系统；贪食蛇游戏；手机游戏

第一章 绪 论

随着 3G 网络的使用，移动终端不再仅是通讯网络的终端，还将成为互联网的终端。因此，移动终端的应用软件和需要的服务将会有很大的发展空间。Google 为此于 2007 年 11 月推出了一个专为移动设备设计的软件平台——Android。

1.1 Android 简介

1.1.1 Android 的来源及发展

Android 一词本意是指"机器人"，同时也指 Google 于 2007 年 11 月 5 日推出的开源手机操作系统。Android 基于 Linux 平台，由操作系统、中间件、用户界面和应用软件组成，号称是首个为移动终端打造的真正开放和完整的移动软件。

1.1.2 Android 系统的特点

Android 系统具有如下 4 个特点。

1. 开放性
2. 应用程序无界限
3. 应用程序可以并行运行
4. 智能虚拟键盘

1.2 项目开发的意义

现如今人们对手机的功能要求不再仅仅局限于接电话和打电话了，在这些基本功能的基础上，手机更成了人们日常生活中非常重要的娱乐和休闲工具。

1.3 国内外现状分析

目前国内外手机应用服务方向主要有基于地理位置的信息服务（Location Based Service LBS）它是通过电信移动运营商的无线电通讯网络(如 GSM 网、CDMA 网)或外部定位方式(如 GPS)获取移动终端用户的位置信息(地理坐标，或

图 3-32 初步效果

（3）对页眉页脚进行设置，奇数页页眉设置为“医药信息学院”，偶数页页眉设置为“贪吃蛇游戏制作”。居中加页码，如图 3-33 所示。

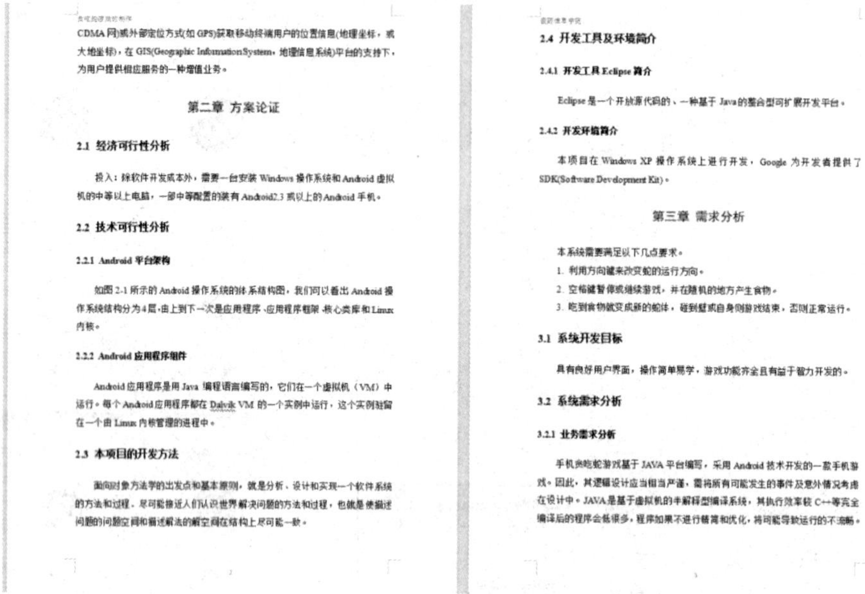

CDMA 网)或外部定位方式(如 GPS)获取移动终端用户的位置信息(地理坐标，或大地坐标)，在 GIS(Geographic InformationSystem，地理信息系统)平台的支持下，为用户提供相应服务的一种增值业务。

第二章 方案论证

2.1 经济可行性分析

投入：除软件开发成本外，需要一台安装 Windows 操作系统和 Android 虚拟机的中等以上电脑，一部中等配置的装有 Android2.3 或以上的 Android 手机。

2.2 技术可行性分析

2.2.1 Android 平台架构

如图 2-1 所示的 Android 操作系统的体系结构图，我们可以看出 Android 操作系统结构分为4层,由上到下一次是应用程序、应用程序框架、核心类库和 Linux 内核。

2.2.2 Android 应用程序组件

Android 应用程序是用 Java 编程语言编写的，它们在一个虚拟机（VM）中运行。每个 Android 应用程序都在 Dalvik VM 的一个实例中运行，这个实例驻留在一个由 Linux 内核管理的进程中。

2.3 本项目的开发方法

面向对象方法学的出发点和基本原则，就是分析、设计和实现一个软件系统的方法和过程，尽可能接近人们认识世界解决问题的方法和过程，也就是使描述问题的问题空间和描述解法的解空间在结构上尽可能一致。

2.4 开发工具及环境简介

2.4.1 开发工具 Eclipse 简介

Eclipse 是一个开放源代码的、一种基于 Java 的整合型可扩展开发平台。

2.4.2 开发环境简介

本项目在 Windows XP 操作系统上进行开发，Google 为开发者提供了 SDK(Software Development Kit)。

第三章 需求分析

本系统需要满足以下几点要求。

1. 利用方向键来改变蛇的运行方向。
2. 空格键暂停或继续游戏，并在随机的地方产生食物。
3. 吃到食物就变成新的蛇体，碰到壁或自身则游戏结束，否则正常运行。

3.1 系统开发目标

具有良好用户界面，操作简单易学，游戏功能齐全且有益于智力开发的。

3.2 系统需求分析

3.2.1 业务需求分析

手机贪吃蛇游戏基于 JAVA 平台编写，采用 Android 技术开发的一款手机游戏。因此，其逻辑设计应当相当严谨，需将所有可能发生的事件及意外情况考虑在设计中。JAVA 是基于虚拟机的半解释型编译系统，其执行效率较 C++等完全编译后的程序会低很多，程序如果不进行精简和优化，将可能导致运行的不流畅。

图 3-33 页眉页脚

（4）利用“论文助手”中“智能目录”功能在摘要后面添加目录，选择“论文助手”→“目录”→“智能目录”命令完成目录制作，如图 3-34 所示。

（5）完成排版。

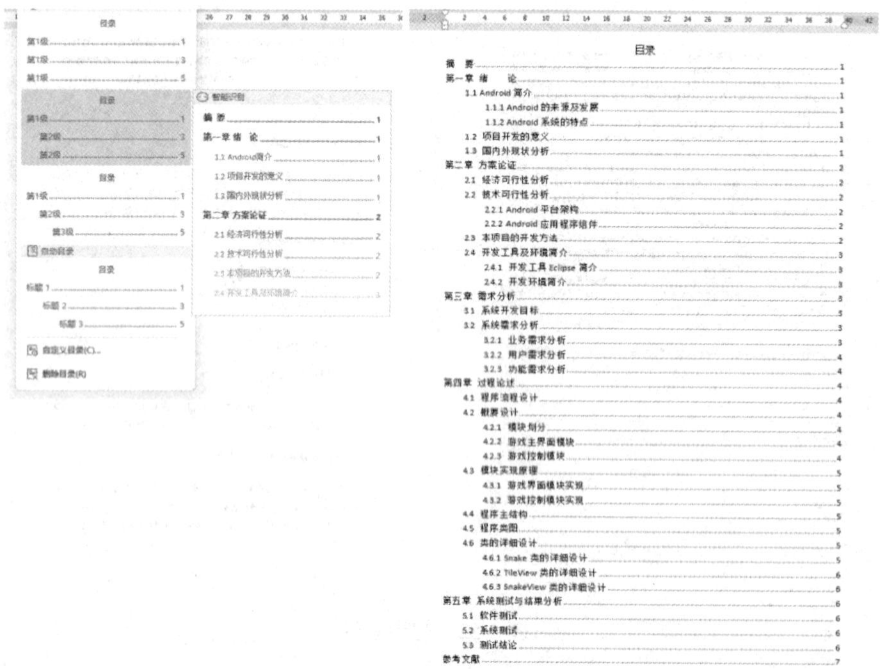

目录

图 3-34 “智能目录”排版

实验 3.5 拓展练习——制作个人精美手抄报

【实验目的】

熟练掌握 WPS 文字文档图片处理方法。

熟练掌握 WPS 文字文档图文混排方法。

【实验内容】

根据 WPS 文字的图文混排功能，制作个人精美手抄报——《中药的魅力》。读者可以根据喜好在网上搜集整理资料，下载所需素材。要求：至少介绍 4 种中药材，且排版合理、设计精美、色彩雅致，最终呈现出优秀的手抄报作品。

【操作步骤】

本实验请读者自己完成，这里不再给出具体的操作步骤。

实验④ WPS 表格处理

实验 4.1 数据表格的制作

【实验目的】

熟悉 WPS 表格的界面和工作窗口，以及功能区各按钮的分布及功能。
掌握 WPS 表格工作簿的打开、新建、保存和关闭操作。
掌握对工作表进行插入、删除、重命名、复制和移动等操作。
掌握在工作表中数据的录入、编辑等处理方法。
掌握工作表的格式、条件格式的设置。

【实验内容】

制作“2024 中药学一班 2024-2025 第一学期成绩汇总表”，效果如图 4-1 所示。

2024中药学一班2024-2025第一学期成绩汇总表

学号	姓名	性别	中医学基础	大学英语	大学体育	计算机基础	思修	总分	平均分	综合评定
1	孙超	男	89	81	72	91	93			
2	高丽颖	女	79	93	75	80	88			
3	张岩	女	88	88	73	76	90			
4	赵倩	女	83	97	73	77	92			
5	孙赫	男	75	84	80	92	97			
6	罗立峰	男	73	54	79	94	84			
7	王丽艳	女	69	77	79	94	90			
8	杨佳丽	女	54	96	0	84	77			
9	张明华	男	92	90	81	87	96			
10	张超然	男	88	56	74	88	91			
11	刘志伟	男	82	87	45	91	93			
12	乔一博	男	84	76	72	89	82			
13	徐浩洲	男	96	90	64	86	76			
14	李林	男	87	81	97	89	85			
15	王阳	男	68	85	79	87	75			
16	孙冬雪	女	70	96	69	95	87			
17	李佳	女	71	77	81	96	72			
18	刘闯	男	85	84	76	84	64			
19	王瑞阳	男	84	90	82	76	97			
20	张晓宇	女	78	64	92	66	88			
21	赵思雪	女	59	76	72	69	85			
22	杜峰	男	82	80	74	59	79			
23	李晓飞	女	86	77	76	71	90			
24	蒋方宇	男	73	72	73	82	97			
25	秦浩南	男	90	88	90	69	64			
26	周宝英	女	81	79	88	63	76			
27	吴非	男	91	96	86	75	90			
28	邢丽娜	女	64	78	80	82	69			
29	李婉莹	女	79	85	88	79	81			
30	宋鹏飞	男	95	90	88	91	86			

图 4-1 成绩汇总表

【操作步骤】

1. 创建 WPS 表格文档（文档命名为“2024 中药学一班学生成绩表”）

（1）打开 WPS Office，选择“新建”命令，然后在打开的界面中选择“新建表格”选项。在右侧的“新建”页面中单击“空白表格”图标，即可自动创建一个新的空白工作簿，如图 4-2 所示。

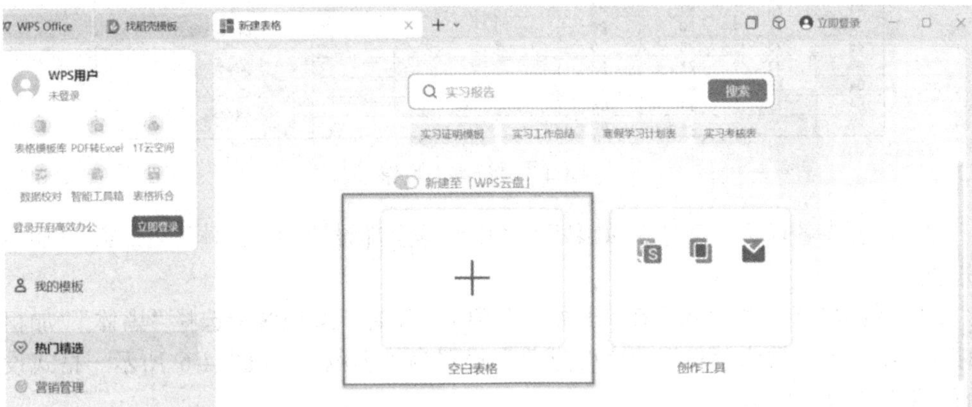

图 4-2 新建 WPS 表格

（2）在这个新建的空白工作簿文档中，标题栏显示工作簿 1，当前工作表是 Sheet1。

（3）单击 A1 单元格，输入工作表标题文字“2024 中药学一班 2024–2025 第一学期成绩汇总表”。

（4）选中 A1:K1 单元格区域。然后单击“开始”→“合并居中”按钮，即可实现单元格的合并及标题居中。

（5）选中 A2 单元格，输入“学号”，依次在右侧单元格输入“姓名”“性别”等原始数据。

（6）其他单元格按照图 4-1 中所给出的数据逐一输入。

2. 格式化表格

（1）将表格名称“2024 中药学一班 2024–2025 第一学期成绩汇总表”设置为“黑体”“18 号”，“行高”设置为“35”磅。

选中标题单元格，在“开始”选项卡“字体”选项区中选择“黑体”，同时将“字号”设置为“18”，如图 4-3 所示；然后单击“开始”→“行和列”→“行高”按钮，如图 4-4 所示；在弹出的“行高”对话框中将行高设置为“35”磅，如图 4-5 所示。

图 4-3 设置字体

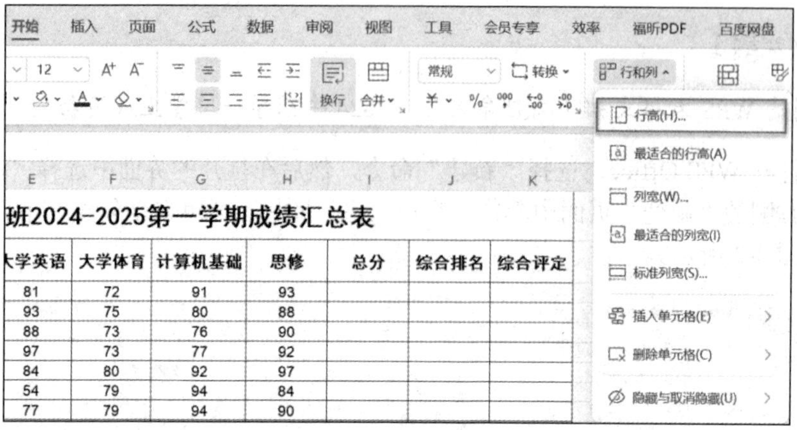

图 4-4　“行高”按钮

（2）将表头各项目“学号”“姓名”“性别”等全部设置为“黑体”“12 号”“加粗”，并分别居中。

选中 A2:K2 单元格区域，在“开始”选项卡“字体”选项区中选择“黑体”“加粗”，同时将“字号”设置为“12”，“字体颜色”设置为“黑色”，如图 4-6 所示。格式设置后的效果如图 4-7 所示。

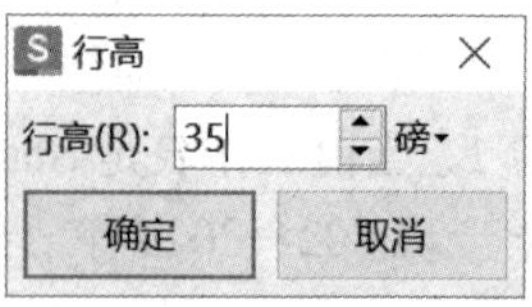

图 4-5　设置行高

图 4-6　标题字段的字体设置

2024中药学一班2024-2025第一学期成绩汇总表										
学号	姓名	性别	中医学基础	大学英语	大学体育	计算机基础	思修	总分	综合排名	综合评定
1	孙超	男	89	81	72	91	93			
2	高丽颖	女	79	93	75	80	88			
3	张岩	女	88	88	73	76	90			
4	赵倩	女	83	97	73	77	92			
5	孙赫	男	75	84	80	92	97			
6	罗立峰	男	73	54	79	94	84			
7	王丽艳	女	69	77	79	94	90			
8	杨佳丽	女	54	96	0	84	77			
9	张明华	男	92	90	81	87	96			
10	张超然	男	88	56	74	88	91			
11	刘志伟	男	82	87	45	91	93			

图 4-7　格式设置后的效果

（3）将“总分”“综合排名”“综合评定”设置为“黑体”“12”“加粗”“红色”。

选中 I2:K2 单元格区域，在“字体”选项区中选择“黑体”，同时将“字号”设置为“12”，“字体颜色”设置为“红色”，单击“加粗”按钮，如图 4-8 所示。设置效果如图 4-9 所示。

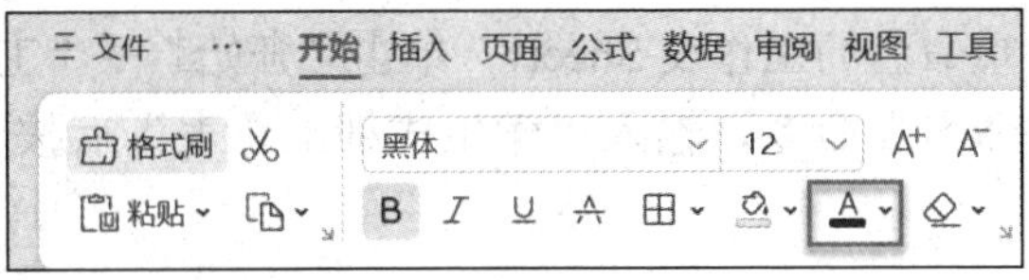

图 4-8　“总分”“综合排名”“综合评定”字段的字体设置

2024中药学一班2024-2025第一学期成绩汇总表										
学号	姓名	性别	中医学基础	大学英语	大学体育	计算机基础	思修	总分	综合排名	综合评定
1	孙超	男	89	81	72	91	93			
2	高丽颖	女	79	93	75	80	88			
3	张岩	女	88	88	73	76	90			
4	赵倩	女	83	97	73	77	92			
5	孙赫	男	75	84	80	92	97			
6	罗立峰	男	73	54	79	94	84			
7	王丽艳	女	69	77	79	94	90			
8	杨佳丽	女	54	96	0	84	77			
9	张明华	男	92	90	81	87	96			
10	张超然	男	88	56	74	88	91			
11	刘志伟	男	82	87	45	91	93			

图 4-9　“总分”“综合排名”“综合评定”字段的设置效果

（4）将设置好的工作表复制一份，原工作表命名为“学生成绩汇总表”，复制后的副本工作表命名为“学生成绩汇总表存档”。

工作表命名有以下 3 种方法。

方法 1：右击工作表 Sheet1 标签，在弹出的快捷菜单中选择“重命名”命令，输入“学生成绩汇总表”后按 Enter 键，如图 4-10 所示。

方法 2：双击工作表 Sheet1 标签，当前工作表标签呈黑底，输入“学生成绩汇总表”后按 Enter 键，如图 4-11 所示。

图 4-10　工作表命名方法 1

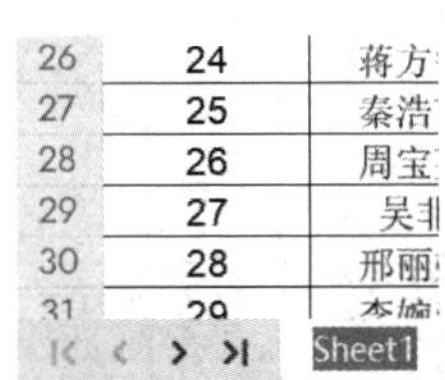

图 4-11　工作表命名方法 2

方法 3：选中要重命名的工作表 Sheet1，单击“开始”→“工作表”下拉按钮，在下拉列表中选择“重命名”命令，输入“学生成绩汇总表”后按 Enter 键，如图 4-12 所示。

图 4-12　工作表命名方法 3

工作表命名完成后，现在对原工作表进行复制操作。选中“学生成绩汇总表”，按住 Ctrl 键同时拖曳到目标位置实现复制操作，并自动将副本工作表命名为“学生成绩汇总表（2）”。双击“学生成绩表（2）标签”，然后命名为“学生成绩汇总表存档”，最终效果如图 4-13 所示。

图 4-13　学生成绩汇总表存档

（5）条件格式的设定。要求将各科 80 分以上的分数设置为“蓝色”“加粗”“倾斜”，将各科不及格的分数设置为“红色”“加粗”“倾斜”。

在“学生成绩汇总表”工作表中选中 D3:H32 单元格区域，单击“开始”→“条件格式”按钮，在“条件格式”下拉列表中选择“突出显示单元格规则”→“大于”命令，如图 4-14 所示。

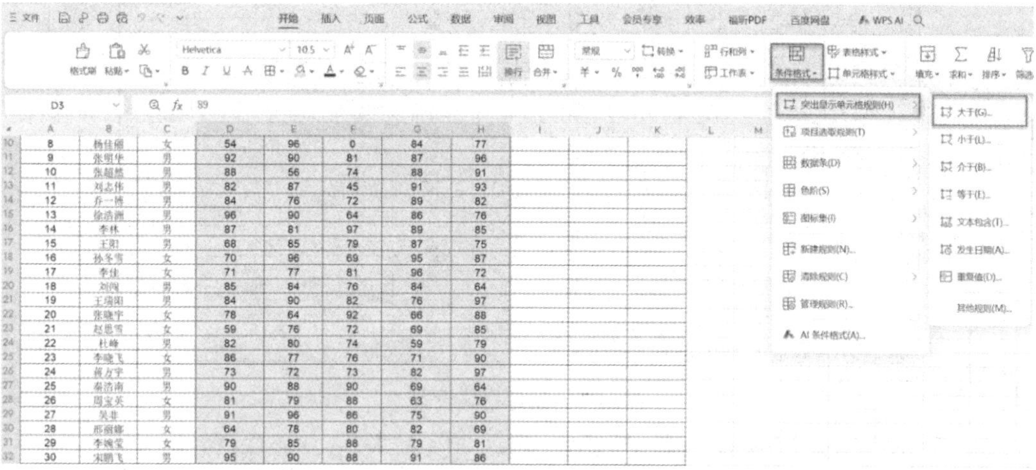

图 4-14　条件格式设置 1

打开“大于”对话框，在“为大于以下值的单元格设置格式：”文本框中输入“80”，单击“设置为”右侧的下拉按钮，在弹出的下拉列表中选择“自定义格式”命令，如图 4-15 所示。

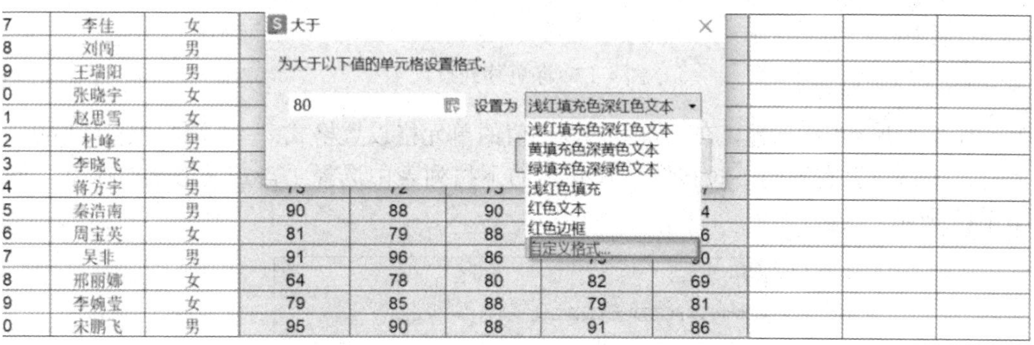

图 4-15　条件格式设置 2

打开“设置单元格格式”对话框，依次选中“蓝色”“加粗 倾斜”，单击“确定”按钮，完成设置，效果如图 4-16 所示。

在“学生成绩汇总表”工作表中选中 D3:H32 单元格区域，单击“开始”→“条件格式”按钮，在“条件格式”下拉列表中选择“突出显示单元格规则”→“小于”命令，如图 4-17 所示。

2024中药学一班2024–2025第一学期成绩汇总表

学号	姓名	性别	中医学基础	大学英语	大学体育	计算机基础	思修	总分	综合排名	综合评定
1	孙超	男	89	81	72	91	93			
2	高丽颖	女	79	93	75	80	88			
3	张岩	女	88	88	73	76	90			
4	赵倩	女	83	97	73	77	92			
5	孙赫	男	75	84	80	92	97			
6	罗立峰	男	73	54	79	94	84			
7	王丽艳	女	69	77	79	94	90			
8	杨佳丽	女	54	96	0	84	77			
9	张明华	男	92	90	81	87	96			
10	张超然	男	88	56	74	88	91			
11	刘志伟	男	82	87	45	91	93			
12	乔一博	男	84	76	72	89	82			
13	徐浩洲	男	96	90	64	86	76			
14	李林	男	87	81	97	89	85			
15	王阳	男	68	85	79	87	75			
16	孙冬雪	女	70	96	69	95	87			
17	李佳	女	71	77	81	96	72			
18	刘闯	男	85	84	76	84	64			
19	王瑞阳	男	84	90	82	76	97			
20	张晓宇	女	78	64	92	66	88			
21	赵思雪	女	59	76	72	69	85			
22	杜峰	男	82	80	74	59	79			
23	李晓飞	女	86	77	76	71	90			
24	蒋方宇	男	73	72	73	82	97			
25	秦浩南	男	90	88	90	69	64			
26	周宝英	女	81	79	88	63	76			
27	吴非	男	91	96	86	75	90			
28	邢丽娜	女	64	78	80	82	69			
29	李婉莹	女	79	85	88	79	81			
30	宋鹏飞	男	95	90	88	91	86			

学生成绩汇总表　学生成绩汇总表存档

图 4-16　条件格式设置 3

图 4-17　条件格式设置 4

打开“小于”对话框，在“为小于以下值的单元格设置格式：”文本框中输入“60”，单击“设置为”右侧的下拉按钮，在弹出的下拉列表中选择“自定义格式”命令，如图 4-18 所示。

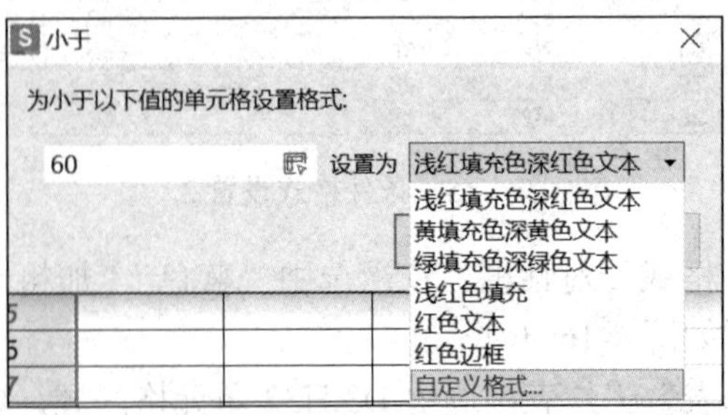

图 4-18　条件格式设置 5

打开“设置单元格格式”对话框，依次选中“红色”“加粗 倾斜”，单击“确定”按钮，完成设置，效果如图 4-19 所示。

2024中药学一班2024-2025第一学期成绩汇总表

学号	姓名	性别	中医学基础	大学英语	大学体育	计算机基础	思修	总分	综合排名	综合评定
1	孙超	男	89	81	72	91	93			
2	高丽颖	女	79	93	75	80	88			
3	张岩	女	88	88	73	76	90			
4	赵倩	女	83	97	73	77	92			
5	孙赫	男	75	84	80	92	97			
6	罗立峰	男	73	54	79	94	84			
7	王丽艳	女	69	77	79	94	90			
8	杨佳丽	女	54	96	0	84	77			
9	张明华	男	92	90	81	87	96			
10	张超然	男	88	56	74	88	91			
11	刘志伟	男	82	87	45	91	93			
12	乔一博	男	84	76	72	89	82			
13	徐浩洲	男	96	90	64	86	76			
14	李林	男	87	81	97	89	85			
15	王阳	男	68	85	79	87	75			
16	孙冬雪	女	70	96	69	95	87			
17	李佳	女	71	77	81	96	72			
18	刘闯	男	85	84	76	84	64			
19	王瑞阳	男	84	90	82	76	97			
20	张晓宇	女	78	64	92	66	88			
21	赵思雪	女	59	76	72	69	85			
22	杜峰	男	82	80	74	59	79			
23	李晓飞	女	86	77	76	71	90			
24	蒋方宇	男	73	72	73	82	97			
25	秦浩南	男	90	88	90	69	64			
26	周宝英	女	81	79	88	63	76			
27	吴非	男	91	96	86	75	90			
28	邢丽娜	女	64	78	80	82	69			
29	李婉莹	女	79	85	88	79	81			
30	宋鹏飞	男	95	90	88	91	86			

学生成绩汇总表　学生成绩汇总表存档

图 4-19　条件格式设置效果

实验 4.2　公式与函数的应用

【实验目的】

掌握运算符、常用函数的使用。

【实验内容】

将"2024 中药学一班 2024-2025 第一学期成绩汇总表"填充完整。

【操作步骤】

（1）在"总分"列后添加一列"平均分"。

① 打开"2024 中药学一班 2024-2025 第一学期成绩汇总表.xlsx"文档，选中 J2 单元格，单击"开始"→"行和列"→"插入单元格"下拉按钮，在右侧级联的下拉列表中选择"在左侧插入列"选项。

② 插入列完成后，在 J2 单元格中输入"平均分"，如图 4-20 所示。

（2）使用自动求和功能，计算出每名学生各科成绩的总分，结果存放在"总分"一列，并使用自动填充功能。

① 选中 I3 单元格，单击"公式"→"求和"按钮，在弹出的下拉列表中选择"求和"选项，I3 单元格显示"=SUM(D3:H3)"，如图 4-21 所示。

2024中药学一班2024-2025第一学期成绩汇总表

学号	姓名	性别	中医学基础	大学英语	大学体育	计算机基础	思修	总分	平均分	综合排名	综合评定
1	孙超	男	89	81	72	91	93				
2	高丽颖	女	79	93	75	80	88				
3	张岩	女	88	88	73	76	90				
4	赵倩	女	83	97	73	77	92				
5	孙赫	男	75	84	80	92	97				
6	罗立峰	男	73	54	79	94	84				
7	王丽艳	女	69	77	79	94	90				
8	杨佳丽	女	54	96	0	84	77				
9	张明华	男	92	90	81	87	96				
10	张超然	男	88	56	74	88	91				
11	刘志伟	男	82	87	45	91	93				

图 4-20 插入“平均分”列

2024中药学一班2024-2025第一学期成绩汇总表

学号	姓名	性别	中医学基础	大学英语	大学体育	计算机基础	思修	总分	平均分	综合排名	综合评定
1	孙超	男	89	81	72	91	93	=SUM(D3:H3)			
2	高丽颖	女	79	93	75	80	88				
3	张岩	女	88	88	73	76	90				
4	赵倩	女	83	97	73	77	92				
5	孙赫	男	75	84	80	92	97				
6	罗立峰	男	73	54	79	94	84				
7	王丽艳	女	69	77	79	94	90				
8	杨佳丽	女	54	96	0	84	77				
9	张明华	男	92	90	81	87	96				
10	张超然	男	88	56	74	88	91				
11	刘志伟	男	82	87	45	91	93				

图 4-21 “总分”计算

② 按 Enter 键，I3 单元格的值为 D3 单元格到 H3 单元格数值的和，即学号为 1 的学生 5 门课程的总分。

③ 选中 I3 单元格，拖曳填充柄到 I32 单元格，即可得到每名学生的总分，这样就可计算出每一行的总分，如图 4-22 所示。

2024中药学一班2024-2025第一学期成绩汇总表

学号	姓名	性别	中医学基础	大学英语	大学体育	计算机基础	思修	总分	平均分	综合排名	综合评定
1	孙超	男	89	81	72	91	93	426			
2	高丽颖	女	79	93	75	80	88	415			
3	张岩	女	88	88	73	76	90	415			
4	赵倩	女	83	97	73	77	92	422			
5	孙赫	男	75	84	80	92	97	428			
6	罗立峰	男	73	54	79	94	84	384			
7	王丽艳	女	69	77	79	94	90	409			
8	杨佳丽	女	54	96	0	84	77	311			
9	张明华	男	92	90	81	87	96	446			
10	张超然	男	88	56	74	88	91	397			
11	刘志伟	男	82	87	45	91	93	398			
12	乔一博	男	84	76	72	89	82	403			
13	徐浩洲	男	96	90	64	86	76	412			
14	李林	男	87	81	97	89	85	439			
15	王阳	男	68	85	79	87	75	394			
16	孙冬雪	女	70	96	69	95	87	417			
17	李佳	女	71	77	81	96	72	397			
18	刘闯	男	85	84	76	84	64	393			
19	王瑞阳	男	84	90	82	76	97	429			
20	张晓宇	女	78	64	92	66	88	388			
21	赵思雪	女	59	76	72	69	85	361			
22	杜峰	男	82	80	74	59	79	374			
23	李晓飞	女	86	77	76	71	90	400			
24	蒋方宇	男	73	72	73	82	97	397			
25	秦浩南	男	90	88	90	69	64	401			
26	周宝英	女	81	79	88	63	76	387			
27	吴菲	男	91	96	86	75	90	438			
28	邢丽娜	女	64	78	80	82	69	373			
29	李婉棠	女	79	85	88	79	81	412			
30	宋鹏飞	男	95	90	88	91	86	450			

图 4-22 填充后得到的每名学生的总分

（3）利用函数，求出每名学生的平均分，结果存放在“平均分”一列。

① 选中 J3 单元格，单击“公式”→“插入”按钮，打开“插入函数”对话框，选择 AVERAGE 函数，单击“确定”按钮，如图 4-23 所示，打开“函数参数”对话框，输入函数参数（D3:H3），然后单击“确定”按钮。需要注意的是，一般情况下，根据工作表数据系统会自动填入函数参数，如图 4-24 所示。自动填入的参数有时是不正确的，需要用户自行填写参数。除了填写函数参数以外，还可以使用鼠标拖曳选中计算对象的单元格区域，即 D3:H3 单元格区域，自动生成函数参数，单击“确定”按钮，即可在 J3 单元格内生成学号为 1 的学生 5 门课程的平均分。

图 4-23　插入函数 AVERAGE

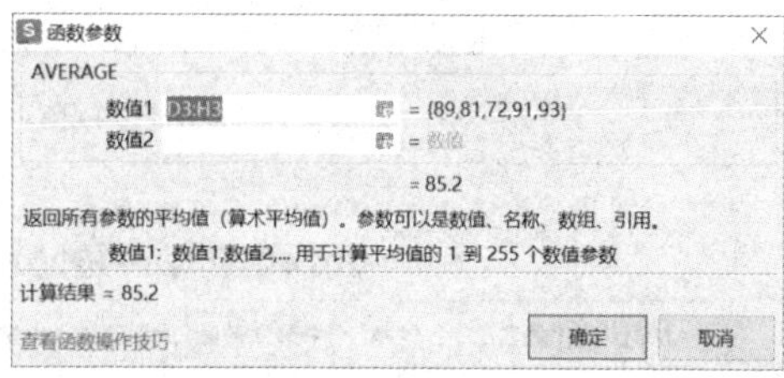

图 4-24　设置函数参数

② 选中 J3 单元格，拖曳填充柄到 J32 单元格，即可得到每名学生的平均分。这样就计算出每一行的平均分了，如图 4-25 所示。

2024中药学一班2024-2025第一学期成绩汇总表

学号	姓名	性别	中医学基础	大学英语	大学体育	计算机基础	思修	总分	平均分	综合排名	综合评定
1	孙超	男	89	81	72	91	93	426	85.2		
2	高丽颖	女	79	93	75	80	88	415	83		
3	张岩	女	88	88	73	76	90	415	83		
4	赵倩	女	83	97	73	77	92	422	84.4		
5	孙静	男	75	84	80	92	97	428	85.6		
6	罗立峰	男	73	54	79	94	84	384	76.8		
7	王丽艳	女	69	77	79	94	90	409	81.8		
8	杨佳丽	女	54	96	0	84	77	311	62.2		
9	张明华	男	92	90	81	87	96	446	89.2		
10	张超然	男	88	56	74	88	91	397	79.4		
11	刘志伟	男	82	87	45	91	93	398	79.6		
12	乔一博	男	84	76	72	89	82	403	80.6		
13	徐浩洲	男	96	90	64	86	76	412	82.4		
14	李林	男	87	81	97	89	85	439	87.8		
15	王阳	男	68	85	79	87	75	394	78.8		
16	孙冬雪	女	70	96	69	95	87	417	83.4		
17	李佳	女	71	77	81	96	72	397	79.4		
18	刘闯	男	85	84	76	84	64	393	78.6		
19	王瑞阳	男	84	90	82	76	97	429	85.8		
20	张晓宇	女	78	64	92	66	88	388	77.6		
21	赵思雪	女	59	76	72	69	85	361	72.2		
22	杜峰	男	82	80	74	59	79	374	74.8		
23	李晓飞	女	86	77	76	71	90	400	80		
24	蒋方宇	男	73	72	73	82	97	397	79.4		
25	秦浩南	男	90	88	90	69	64	401	80.2		
26	周宝英	女	81	79	88	63	76	387	77.4		
27	吴非	男	91	96	86	75	90	438	87.6		
28	邢丽娜	女	64	78	80	82	69	373	74.6		
29	李婉莹	女	79	85	88	79	81	412	82.4		
30	宋鹏飞	男	95	90	88	91	86	450	90		

图 4-25　“平均分”计算

（4）在表格最下面添加“平均分”行，并按照各科成绩求出各科的平均分。

① 选中 C33 单元格，填写“平均分”。选中 D33 单元格，单击“公式”→“插入”按钮，在打开的“插入函数”对话框中选择 AVERAGE 函数，单击“确定”按钮，打开“函数参数”对话框，输入函数参数（D3:D32），然后单击“确定”按钮，如图 4-26 所示。在 D33 单元格内就会生成 2024 中药学一班全体 30 名学生的“中医学基础”的平均分，如图 4-27 所示。

② 选中 D33 单元格，拖曳填充柄到 J33 单元格，即可得到各科的平均分，如图 4-28 所示。

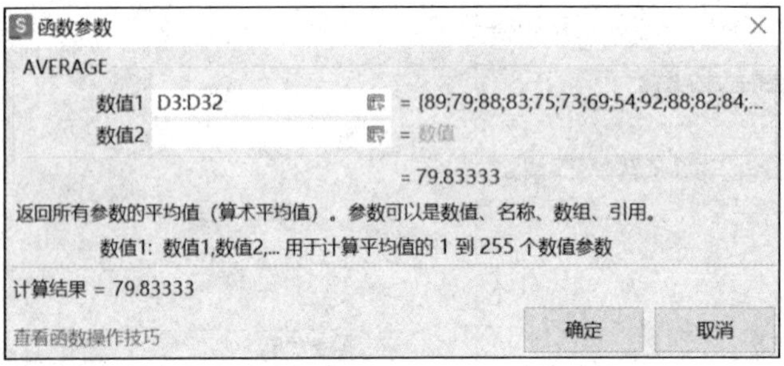

图 4-26　设置函数参数

	A	B	C	D	E	F	G	H	I	J	K	L
1	2024中药学一班2024-2025第一学期成绩汇总表											
2	学号	姓名	性别	中医学基础	大学英语	大学体育	计算机基础	思修	总分	平均分	综合排名	综合评定
3	1	孙超	男	89	81	72	91	93	426	85.2		
4	2	高丽颖	女	79	93	75	80	88	415	83		
5	3	张岩	女	88	88	73	76	90	415	83		
6	4	赵倩	女	83	97	73	77	92	422	84.4		
7	5	孙赫	男	75	84	80	92	97	428	85.6		
8	6	罗立峰	男	73	54	79	94	84	384	76.8		
9	7	王丽艳	女	69	77	79	94	90	409	81.8		
10	8	杨佳丽	女	54	96	0	84	77	311	62.2		
11	9	张明华	男	92	90	81	87	96	446	89.2		
12	10	张超然	男	88	56	74	88	91	397	79.4		
13	11	刘志伟	男	82	87	45	91	93	398	79.6		
14	12	乔一博	男	84	76	72	89	82	403	80.6		
15	13	徐浩洲	男	96	90	64	86	76	412	82.4		
16	14	李林	男	87	81	97	89	85	439	87.8		
17	15	王阳	男	68	85	79	87	75	394	78.8		
18	16	孙冬雪	女	70	96	69	95	87	417	83.4		
19	17	李佳	女	71	77	81	96	72	397	79.4		
20	18	刘闯	男	85	84	76	84	64	393	78.6		
21	19	王瑞阳	男	84	90	82	76	97	429	85.8		
22	20	张晓宇	女	78	64	92	66	88	388	77.6		
23	21	赵思雪	女	59	76	72	69	85	361	72.2		
24	22	杜峰	男	82	80	74	59	79	374	74.8		
25	23	李晓飞	女	86	77	76	71	90	400	80		
26	24	蒋方宇	男	73	72	73	82	97	397	79.4		
27	25	秦浩南	男	90	88	90	69	64	401	80.2		
28	26	周宝英	女	81	79	88	63	76	387	77.4		
29	27	吴非	男	91	96	86	75	90	438	87.6		
30	28	邢丽娜	女	64	78	80	82	69	373	74.6		
31	29	李婉莹	女	79	85	88	79	81	412	82.4		
32	30	宋鹏飞	男	95	90	88	91	86	450	90		
33			平均分	79.83333333								

图 4-27　计算“中医学基础”平均分

图 4-28　计算各科平均分

（5）给工作表加边框线，外框为粗线，内框为细线，给“学号”所在行添加“浅绿”底纹。

① 选中 A1:L33 单元格区域，在所选区域右击，在弹出的快捷菜单中选择“设置单元格格式”选项，如图 4-29 所示。打开“单元格格式”对话框，单击“边框”选项卡，在“线条”选项区域中的“样式”列表框中选中第 2 列第 5 行，将“颜色”设置为“黑色”，“预置”设置为“外边框”，单击“确定”按钮完成设置。

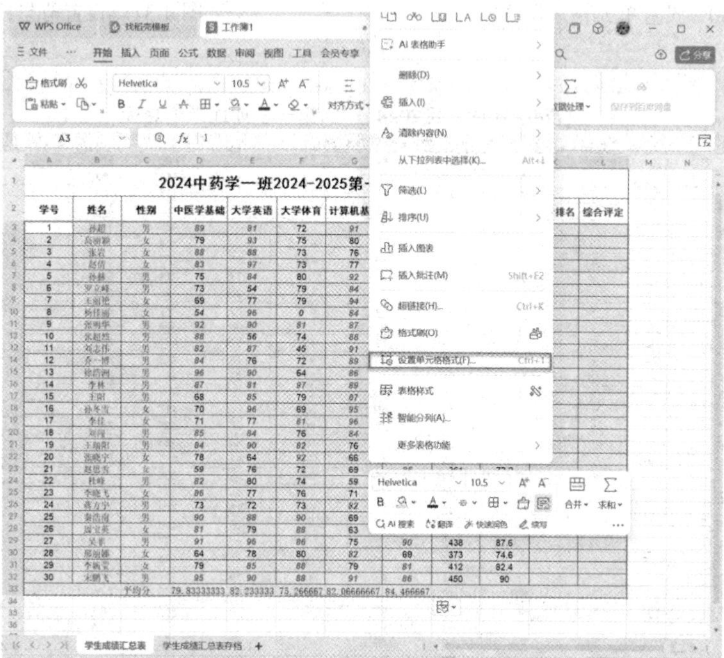

图 4-29　设置单元格格式

② 同理，在“单元格格式”对话框的“边框”选项卡中，选中“线条”选项区域中的“样式”列表框中的第 1 列第 7 行，将“颜色”设置为“黑色”，“预置”设置为“内部”。外边框和内边框设置完成后，可在“边框”选项区域中预览效果，如图 4-30 所示。

③ 选中“学号”所在的 A2:L2 单元格区域，在所选区域右击，在弹出的快捷菜单中选择“设置单元格格式”选项，打开“单元格格式”对话框，选择“图案”选项卡，将背景色设置为“标准色”中的“浅绿”，如图 4-31 所示，然后单击“确定”按钮，效果如图 4-32 所示。

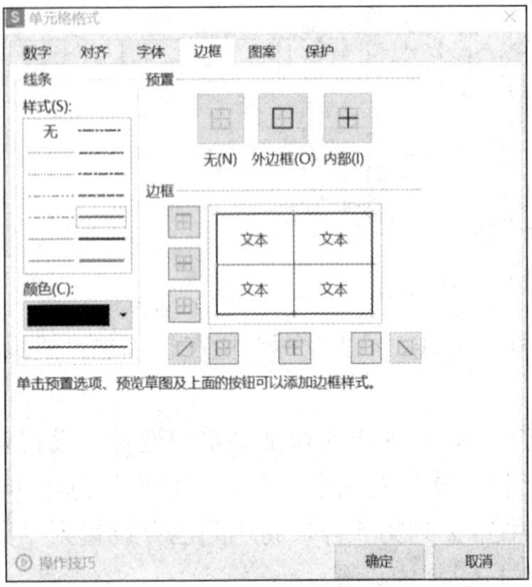

图 4-30 设置单元格边框样式

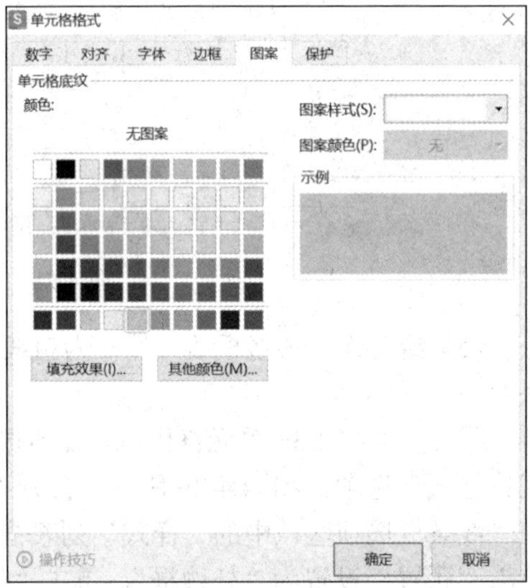

图 4-31 设置背景色

2024中药学一班2024-2025第一学期成绩汇总表											
学号	姓名	性别	中医学基础	大学英语	大学体育	计算机基础	思修	总分	平均分	综合排名	综合评定
1	孙超	男	89	81	72	91	93	426	85.2		
2	高丽颖	女	79	93	75	80	88	415	83		
3	张岩	女	88	88	73	76	90	415	83		
4	赵倩	女	83	97	73	77	92	422	84.4		
5	孙林	男	75	84	80	92	97	428	85.6		
6	罗立峰	男	73	54	79	94	84	384	76.8		
7	王丽艳	女	69	77	79	94	90	409	81.8		
8	杨佳丽	女	54	96	0	84	77	311	62.2		
9	张明华	男	92	90	81	87	96	446	89.2		
10	张超然	男	88	56	74	88	91	397	79.4		
11	刘志伟	男	82	87	45	91	93	398	79.6		
12	乔一博	男	84	76	72	89	82	403	80.6		
13	徐浩洲	男	96	90	64	86	76	412	82.4		
14	李林	男	87	81	97	89	85	439	87.8		
15	王阳	男	68	85	79	87	75	394	78.8		
16	孙冬雪	女	70	96	69	95	87	417	83.4		
17	李佳	女	71	77	81	96	72	397	79.4		
18	刘闯	男	85	84	76	84	64	393	78.6		
19	王瑞阳	男	84	90	82	76	97	429	85.8		
20	张晓宇	女	78	64	92	66	88	388	77.6		
21	赵思雪	女	59	76	72	69	85	361	72.2		
22	杜峰	男	82	80	74	59	79	374	74.8		
23	李晓飞	女	86	77	76	71	90	400	80		
24	蒋方宇	男	73	72	73	82	97	397	79.4		
25	秦浩南	男	90	88	90	69	64	401	80.2		
26	周宝英	女	81	79	88	63	76	387	77.4		
27	吴菲	男	91	96	86	75	90	438	87.6		
28	邢丽娜	女	64	78	80	82	69	373	74.6		
29	李婉莹	女	79	85	88	79	81	412	82.4		
30	宋鹏飞	男	95	90	88	91	86	450	90		
		平均分	79.83333333	82.233333	75.266667	82.06666667	84.466667				

图 4-32 为“学号”所在行添加底纹效果

实验 4.3　图表的制作

【实验目的】

掌握 WPS 表格图表的生成方式及图表的格式化。

【实验内容】

将“2024 中药学一班 2024–2025 第一学期成绩汇总表”生成图表。

【操作步骤】

（1）根据“学生成绩汇总表”中的姓名、各科成绩及总分，生成一个簇状柱形图。

① 选中 B2:B32 单元格区域，按住 Ctrl 键，同时选中 D2:I32 区域，选择“插入”→“图表”→“柱形图”命令，在右侧柱形图列表的“簇状”下拉列表中选择第 1 行第 1 列的默认簇状柱形图，如图 4-33 所示。

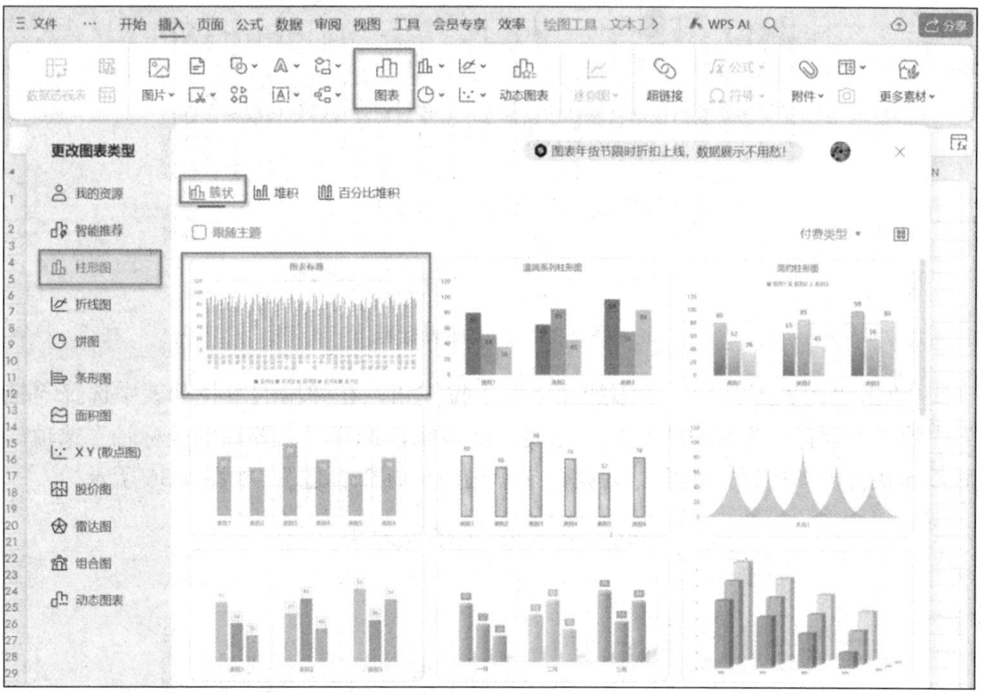

图 4-33　插入图表

② 单击“确定”按钮，最终生成一个簇状柱形图，如图 4-34 所示。

（2）为上面的图表添加图表标题“2024–2025 第一学期成绩表”，X 轴标题为“学生姓名”，Y 轴标题为“成绩”。

① 选中创建好的簇状柱形图，单击“图表标题”文本框，删除原有的“图表标题”文本框中的文字，输入“2024–2025 第一学期成绩表”，如图 4-35 所示。

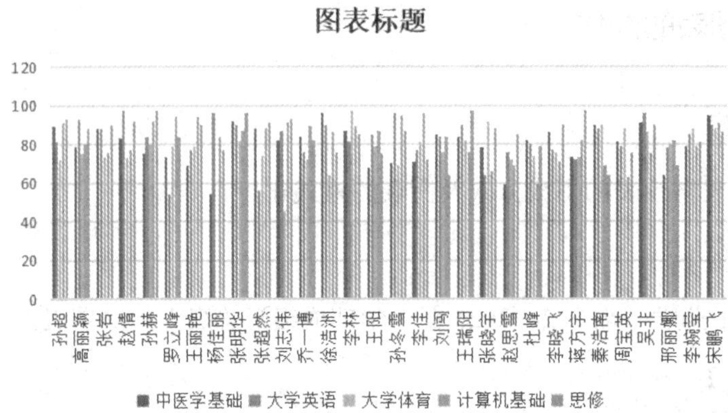

图 4-34 生成的默认簇状柱形图

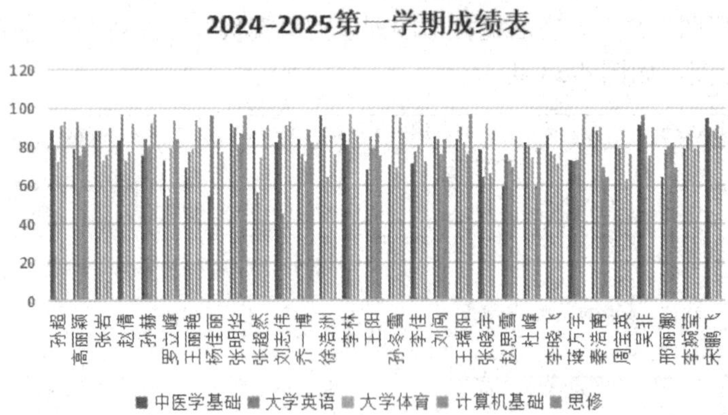

图 4-35 修改图表标题

② 单击“图表工具”→“添加元素”下拉按钮，在弹出的下拉列表中选择“轴标题”中的“主要横向坐标轴”选项，重复上述步骤再选择“主要纵向坐标轴”选项。完成后，簇状柱形图中横、纵坐标处就会显示出“坐标轴标题”，如图 4-36 所示。

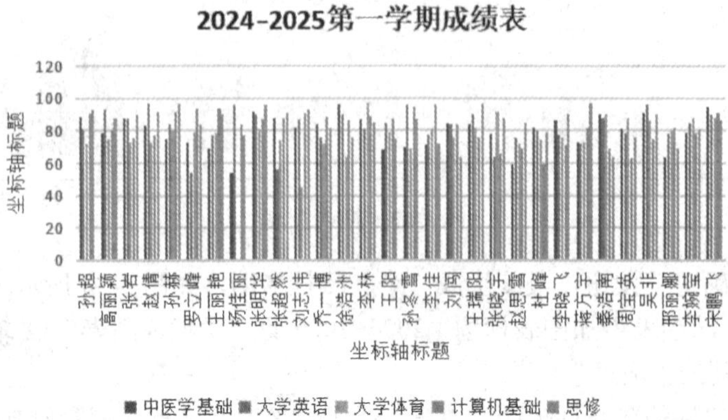

图 4-36 显示坐标轴标题

③ 分别单击横、纵坐标的“坐标轴标题”文本框，将文字分别修改为“学生姓名”和“成绩”，如图 4-37 所示。

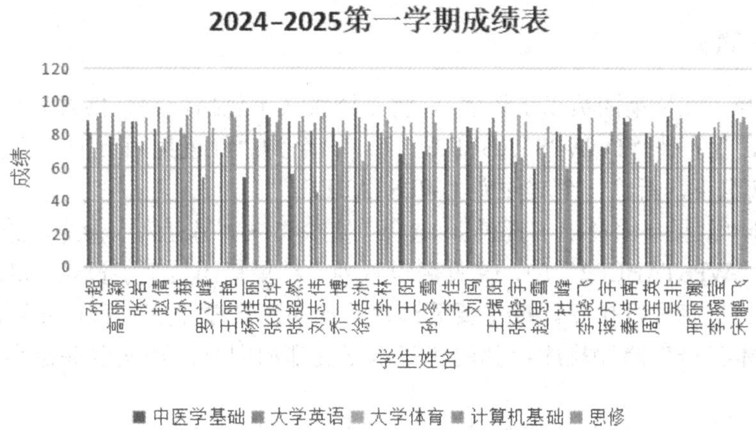

图 4-37　修改坐标轴标题

（3）图表格式化，将上面图表绘图区的背景设置为“纸纹 2”效果。

选中已创建的簇状柱形图中的绘图区，选择“图表工具-属性”→“填充与线条”→“填充”组→“图片或纹理填充”→“纹理填充”选项，在右侧的下拉列表中选择“纸纹 2”选项，效果如图 4-38 所示。

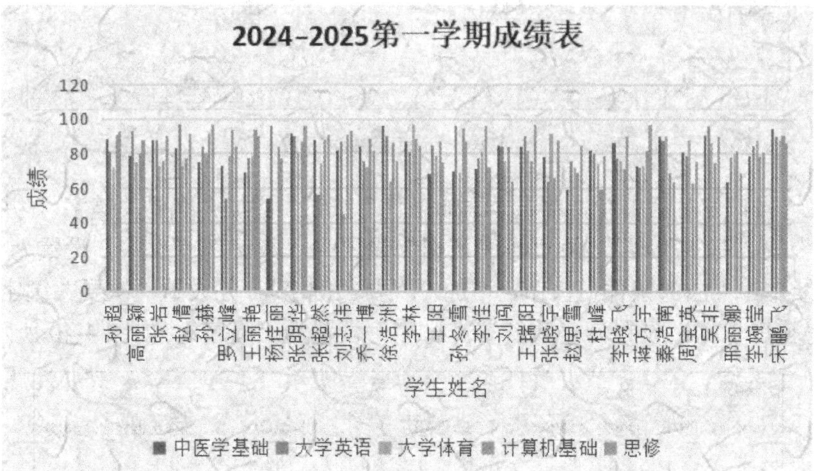

图 4-38　设置绘图区背景为“纸纹 2”效果

实验 4.4　数据排序

【实验目的】

掌握数据排序的相关功能。

【实验内容】

将“红星集团员工工资表”按相应项目进行排序。

【操作步骤】

（1）打开“红星集团员工工资表”，将工资表（不包括标题、格式）复制到一个新的工作簿中，保存在“D:\WPSTABLE2\”下，命名为“红星集团员工工资表 2.xlsx”。

① 在 E 盘下，新建一个文件夹“WPSTABLE2”。

② 打开“红星集团员工工资表”，选择“文件”→“另存为”命令，选择存储在新建的文件夹“WPSTABLE2”中，文件名设置为“红星集团员工工资表 2.xlsx”。

（2）对工资表进行排序。按主要关键字“部门”升序排序；部门相同时，按次要关键字“基本工资”降序排序；部门和基本工资都相同时，按次要关键字“奖金”降序排序。

① 选中 A1:I13 单元格区域中的任意单元格，单击“开始”→“排序”→“自定义排序”按钮，在打开的“排序”对话框中将“主要关键字”设置为“部门”，“排序依据”设置为“数值”，“次序”设置为“升序”，如图 4-39 所示。

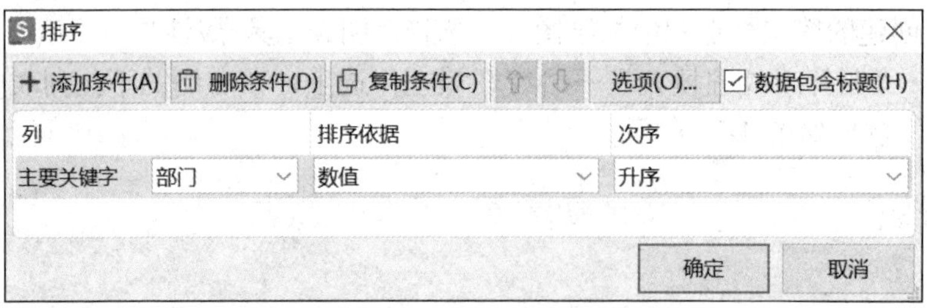

图 4-39　主要关键字设置

② 在“排序”对话框中，单击“添加条件”按钮，增加“次要关键字”，并设置“次要关键字”为“基本工资”，将“排序依据”设置为“数值”，“次序”设置为“降序”。然后，继续单击“添加条件”按钮，增加“次要关键字”，并设置“次要关键字”为“奖金”，将“排序依据”设置为“数值”，“次序”设置为“降序”，如图 4-40 所示。

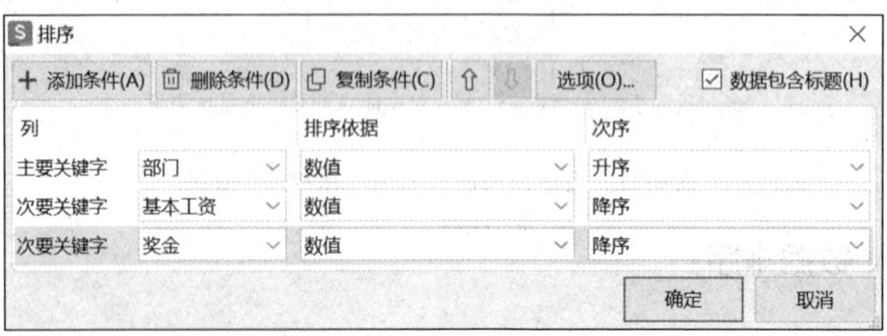

图 4-40　次要关键字设置

（3）单击“确定”按钮，即可完成对工资表的排序，结果如图 4-41 所示。

姓名	部门	职务	出生年月	基本工资	津贴	奖金	扣款额	实发工资
秦之予	财务部	会计	1967/6/3	4500	1500	1400	48	
高丽娜	财务部	会计	1975/9/28	3700	1600	1500	535	
陆西蕾	财务部	出纳	1972/9/3	2750	1200	700	75.5	
张明华	技术部	工程师	1966/8/23	5600	3000	3600	96	
杨阳	技术部	技术员	1971/3/12	3100	1100	1100	56	
彭军	技术部	技术员	1976/7/9	2100	2000	800	75.5	
潘小曼	技术部	技术员	1975/10/3	2100	1500	500	90	
王斌	销售部	业务员	1972/10/12	4300	1500	2650	88	
刘建国	销售部	业务员	1970/7/2	3500	1000	3200	150	
赵强	销售部	业务员	1976/7/23	2500	800	2700	95.3	
李凤英	销售部	业务员	1965/4/25	2500	1200	1350	66.5	
孙同刚	销售部	业务员	1972/12/23	1800	800	2400	115	

图 4-41 排序结果

实验 4.5 数据筛选与汇总

【实验目的】

掌握数据筛选与分类汇总的相关功能。

【实验内容】

将“红星集团员工工资表”进行数据筛选与汇总处理。

【操作步骤】

（1）从“红星集团员工工资表”中筛选出销售部基本工资大于或等于 2500 元且奖金大于 1000 元的数据。

① 单击数据清单中的任意单元格。

② 单击“数据”→“筛选”→“筛选”按钮，在数据清单中每个字段名的右侧出现一个筛选箭头。

③ 单击“部门”下拉按钮，在弹出的下拉列表中选择“内容筛选”选项，如图 4-42 所示。

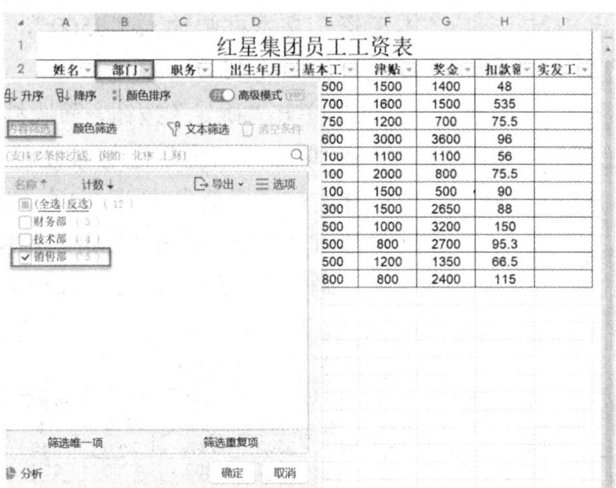

图 4-42 “部门”筛选条件设置

④ 选中“销售部”复选框，单击“确定”按钮，筛选结果如图 4-43 所示。

⑤ 单击“基本工资”下拉按钮，在弹出的下拉列表中选择“数字筛选”→“大于或等于”选项，如图 4-44 所示。

红星集团员工工资表								
姓名	部门	职务	出生年月	基本工	津贴	奖金	扣款额	实发工
王斌	销售部	业务员	1972/10/12	4300	1500	2650	88	
刘建国	销售部	业务员	1970/7/2	3500	1000	3200	150	
赵强	销售部	业务员	1976/7/23	2500	800	2700	95.3	
李风英	销售部	业务员	1965/4/25	2500	1200	1350	66.5	
孙同刚	销售部	业务员	1972/12/23	1800	800	2400	115	

图 4-43 筛选结果 1

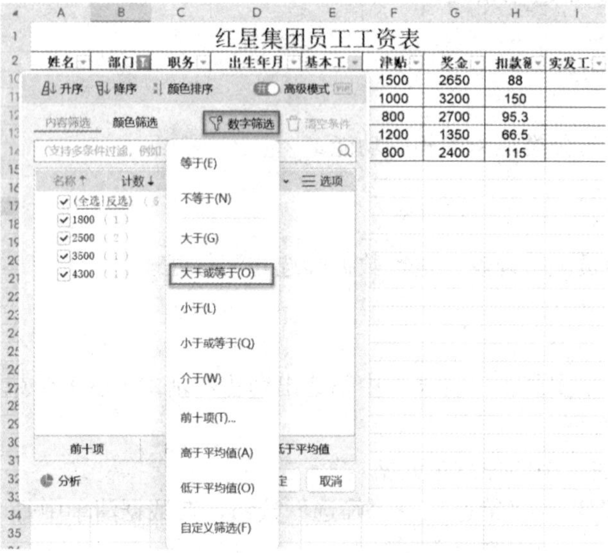

图 4-44 “基本工资”筛选条件设置

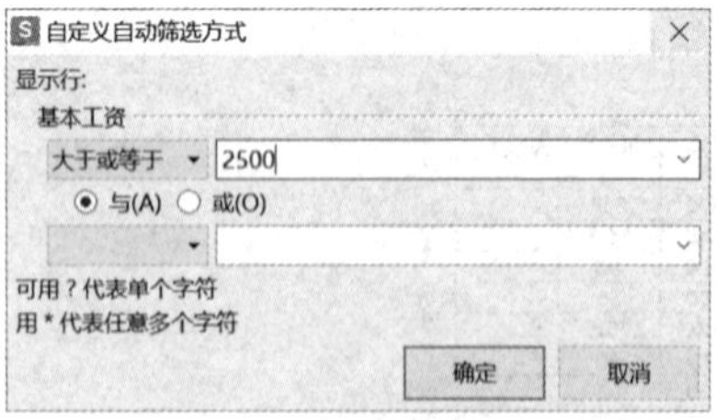

图 4-45 筛选参数设置

⑥ 打开“自定义自动筛选方式”对话框，在“基本工资”文本框中输入“2500”，并选中“与”单选按钮，如图 4-45 所示。

⑦ 单击“确定”按钮，筛选结果如图 4-46 所示。

⑧ 单击“奖金”下拉按钮，在弹出的下拉列表中选择“数字筛选”→“大于”选项，在“自定义自动筛选方式”对话框的“奖金”文本框中输入“1000”，单击“确定”按钮，最终筛选结果如图 4-47 所示。

红星集团员工工资表								
姓名	部门	职务	出生年月	基本工	津贴	奖金	扣款额	实发工
王斌	销售部	业务员	1972/10/12	4300	1500	2650	88	
刘建国	销售部	业务员	1970/7/2	3500	1000	3200	150	
赵强	销售部	业务员	1976/7/23	2500	800	2700	95.3	
李凤英	销售部	业务员	1965/4/25	2500	1200	1350	66.5	

图 4-46 筛选结果 2

	A	B	C	D	E	F	G	H	I
1	红星集团员工工资表								
2	姓名	部门	职务	出生年月	基本工	津贴	奖金	扣款额	实发工
10	王斌	销售部	业务员	1972/10/12	4300	1500	2650	88	
11	刘建国	销售部	业务员	1970/7/2	3500	1000	3200	150	
12	赵强	销售部	业务员	1976/7/23	2500	800	2700	95.3	
13	李凤英	销售部	业务员	1965/4/25	2500	1200	1350	66.5	

图 4-47 最终筛选结果

⑨ 单击“数据”→“筛选”→“筛选”按钮，退出筛选状态。

（2）在“红星集团员工工资表”中筛选出销售部基本工资大于或等于 2500 元或财务部基本工资小于 3000 元的数据，并将筛选结果显示在原有区域。

① 在工作表中选择任意一个空白区域，如 A16:B18 单元格区域，建立如图 4-48 所示的数据区域（用于高级筛选的条件区域数据）。

② 单击数据清单中的任意单元格，单击“数据”→“筛选”→“高级筛选”按钮，在打开的“高级筛选”对话框中，将上步设定的条件区域选定，这个区域地址自动标示在“高级筛选”对话框中的“条件区域”框内。在“高级筛选”对话框中“列表区域”右侧选中 A2:I14，单击按钮，返回“高级筛选”主对话框，如图 4-49 所示。

③ 单击“确定”按钮，得到如图 4-50 所示的结果。

④ 单击“数据”选项卡“排序和筛选”功能组中的“筛选”按钮两次，恢复原始状态。

16	部门	基本工资
17	销售部	>=2500
18	财务部	<3000

图 4-48 高级筛选条件设置

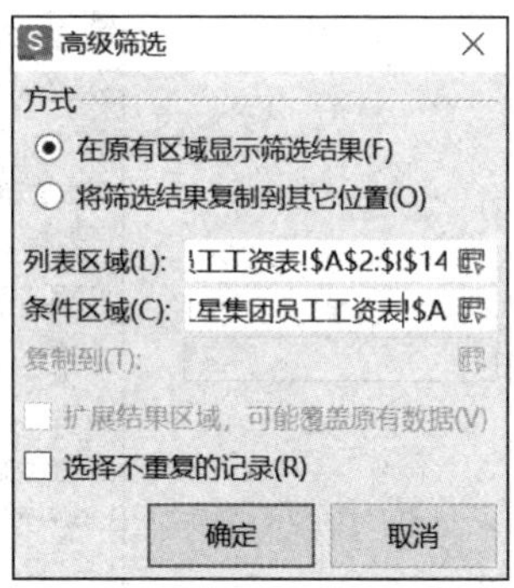

图 4-49 高级筛选参数设置

	A	B	C	D	E	F	G	H	I
1	红星集团员工工资表								
2	姓名	部门	职务	出生年月	基本工资	津贴	奖金	扣款额	实发工资
5	陆西蕾	财务部	出纳	1972/9/3	2750	1200	700	75.5	
10	王斌	销售部	业务员	1972/10/12	4300	1500	2650	88	
11	刘建国	销售部	业务员	1970/7/2	3500	1000	3200	150	
12	赵强	销售部	业务员	1976/7/23	2500	800	2700	95.3	
13	李凤英	销售部	业务员	1965/4/25	2500	1200	1350	66.5	
15									
16	部门	基本工资							
17	销售部	>=2500							
18	财务部	<3000							

图 4-50 高级筛选结果

（3）在“红星集团员工工资表 2”中，求各部门实发工资及各部门基本工资、津贴、奖金和实发工资的平均值。

① 选择 I2 单元格，输入“=E2+F2+G2-H2”，按 Enter 键确定。选中 I2 单元格，拖曳填充柄到 I13 单元格，即可得到每个员工的实发工资，如图 4-51 所示。

	A	B	C	D	E	F	G	H	I
1	姓名	部门	职务	出生年月	基本工资	津贴	奖金	扣款额	实发工资
2	秦之予	财务部	会计	1967/6/3	4500	1500	1400	48	7352
3	高丽娜	财务部	会计	1975/9/28	3700	1600	1500	535	6265
4	陆西蕾	财务部	出纳	1972/9/3	2750	1200	700	75.5	4574.5
5	张明华	技术部	工程师	1966/8/23	5600	3000	3600	96	12104
6	杨阳	技术部	技术员	1971/3/12	3100	1100	1100	56	5244
7	彭军	技术部	技术员	1976/7/9	2100	2000	800	75.5	4824.5
8	潘小曼	技术部	技术员	1975/10/3	2100	1500	500	90	4010
9	王斌	销售部	业务员	1972/10/12	4300	1500	2650	88	8362
10	刘建国	销售部	业务员	1970/7/2	3500	1000	3200	150	7550
11	赵强	销售部	业务员	1976/7/23	2500	800	2700	95.3	5904.7
12	李凤英	销售部	业务员	1965/4/25	2500	1200	1350	66.5	4983.5
13	孙同刚	销售部	业务员	1972/12/23	1800	800	2400	115	4885

图 4-51　计算实发工资

② 单击数据清单中的任意单元格，然后单击“数据”→“分类汇总”按钮，打开“分类汇总”对话框。在该对话框中设置分类汇总的有关选项：“分类字段”选择“部门”，“汇总方式”选择“平均值”，“选定汇总项”选择“基本工资”“津贴”“奖金”“实发工资”，其他选项保持默认，如图 4-52 所示。

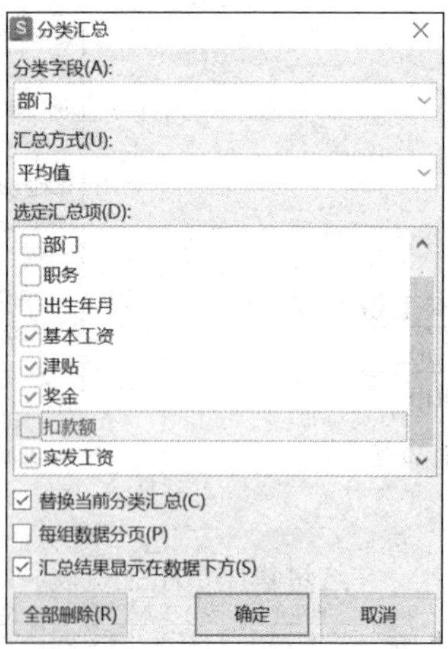

图 4-52　分类汇总设置 1

③ 单击“确定”按钮，分类汇总结果如图 4-53 所示。

（4）在步骤（3）的基础上，统计各部门人数。

① 单击数据清单中的任意单元格，然后单击“数据”→“分类汇总”按钮，打开“分类汇总”对话框。在该对话框中设置分类汇总的有关选项：“分类字段”选择“部门”，“汇总方式”选择“计数”，“选定汇总项”选择“姓名”，如图 4-54 所示。

	A	B	C	D	E	F	G	H	I
1	姓名	部门	职务	出生年月	基本工资	津贴	奖金	扣款额	实发工资
2	秦之予	财务部	会计	1967/6/3	4500	1500	1400	48	7352
3	高丽娜	财务部	会计	1975/9/28	3700	1600	1500	535	6265
4	陆西蕾	财务部	出纳	1972/9/3	2750	1200	700	75.5	4574.5
5		财务部 平均值			3650	1433.333333	1200		6063.833333
6	张明华	技术部	工程师	1966/8/23	5600	3000	3600	96	12104
7	杨阳	技术部	技术员	1971/3/12	3100	1100	1100	56	5244
8	彭军	技术部	技术员	1976/7/9	2100	2000	800	75.5	4824.5
9	潘小曼	技术部	技术员	1975/10/3	2100	1500	500	90	4010
10		技术部 平均值			3225	1900	1500		6545.625
11	王斌	销售部	业务员	1972/10/12	4300	1500	2650	88	8362
12	刘建国	销售部	业务员	1970/7/2	3500	1000	3200	150	7550
13	赵强	销售部	业务员	1976/7/23	2500	800	2700	95.3	5904.7
14	李凤英	销售部	业务员	1965/4/25	2500	1200	1350	66.5	4983.5
15	孙同刚	销售部	业务员	1972/12/23	1800	800	2400	115	4885
16		销售部 平均值			2920	1060	2460		6337.04
17		总平均值			3204.166667	1433.333333	1825		6338.266667

图 4-53　分类汇总结果 1

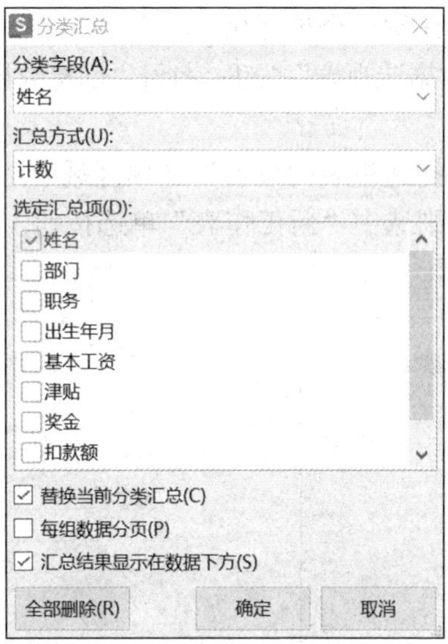

图 4-54　分类汇总设置 2

② 单击“确定”按钮，分类汇总结果如图 4-55 所示。

	A	B	C	D	E	F	G	H	I
1	姓名	部门	职务	出生年月	基本工资	津贴	奖金	扣款额	实发工资
2	秦之予	财务部	会计	1967/6/3	4500	1500	1400	48	7352
3	高丽娜	财务部	会计	1975/9/28	3700	1600	1500	535	6265
4	陆西蕾	财务部	出纳	1972/9/3	2750	1200	700	75.5	4574.5
5	3	财务部 计数							3
6	张明华	技术部	工程师	1966/8/23	5600	3000	3600	96	12104
7	杨阳	技术部	技术员	1971/3/12	3100	1100	1100	56	5244
8	彭军	技术部	技术员	1976/7/9	2100	2000	800	75.5	4824.5
9	潘小曼	技术部	技术员	1975/10/3	2100	1500	500	90	4010
10	4	技术部 计数							4
11	王斌	销售部	业务员	1972/10/12	4300	1500	2650	88	8362
12	刘建国	销售部	业务员	1970/7/2	3500	1000	3200	150	7550
13	赵强	销售部	业务员	1976/7/23	2500	800	2700	95.3	5904.7
14	李凤英	销售部	业务员	1965/4/25	2500	1200	1350	66.5	4983.5
15	孙同刚	销售部	业务员	1972/12/23	1800	800	2400	115	4885
16	5	销售部 计数							5
17	12	总计数							12

图 4-55　分类汇总结果 2

实验 4.6 数据透视表的处理

【实验目的】

掌握数据透视表的制作方法。

【实验内容】

为“红星集团员工工资表 2”制作数据透视表。

【操作步骤】

在“红星公司员工工资表 2”中统计各部门各职务的人数。

（1）选中数据清单中的任意一个单元格。

（2）单击“插入”→“数据透视表”按钮，打开“创建数据透视表”对话框，如图 4-56 所示。

（3）在“请选择放置数据透视表的位置”选项区域中选择数据透视表放置的位置，如果将其放到新工作表中，则选中“新工作表”单选按钮，单击“确定”按钮，得到数据透视表区域如图 4-57 所示。

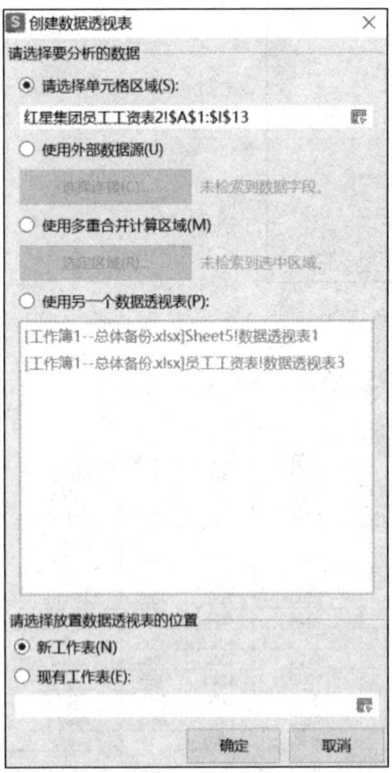

图 4-56 “创建数据透视表”对话框

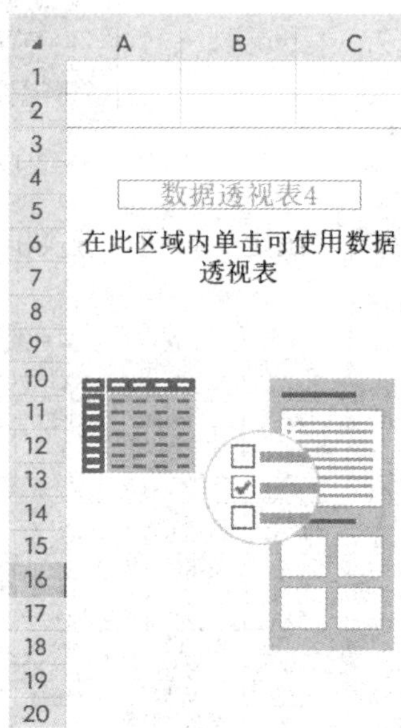

图 4-57 数据透视表区域

（4）在右侧可以看到“数据透视表”字段的设置窗格，将“姓名”“部门”“职务”3 个字段选中。然后，将“部门”字段拖曳到行区域，将“职务”字段拖曳到列区域，将“姓名”字段拖曳到值区域，如图 4-58 所示。

（5）完成上述操作后，可以看到数据透视表已经制作完成，统计了各部门各职务的人数，最终效果如图 4-59 所示。

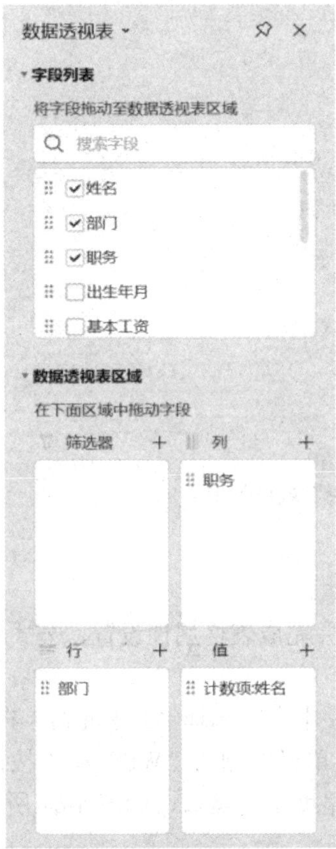

图 4-58 数据透视表字段设置

计数项:姓名	职务					
部门	出纳	工程师	会计	技术员	业务员	总计
财务部	1		2			3
技术部		1		3		4
销售部					5	5
总计	1	1	2	3	5	12

图 4-59 数据透视表最终效果

实验 4.7 WPS AI 表格处理

【实验目的】

了解 WPS AI 编辑表格的方法。

【实验内容】

通过 WPS AI 制作“教师基本信息表”，效果如图 4-60 所示。

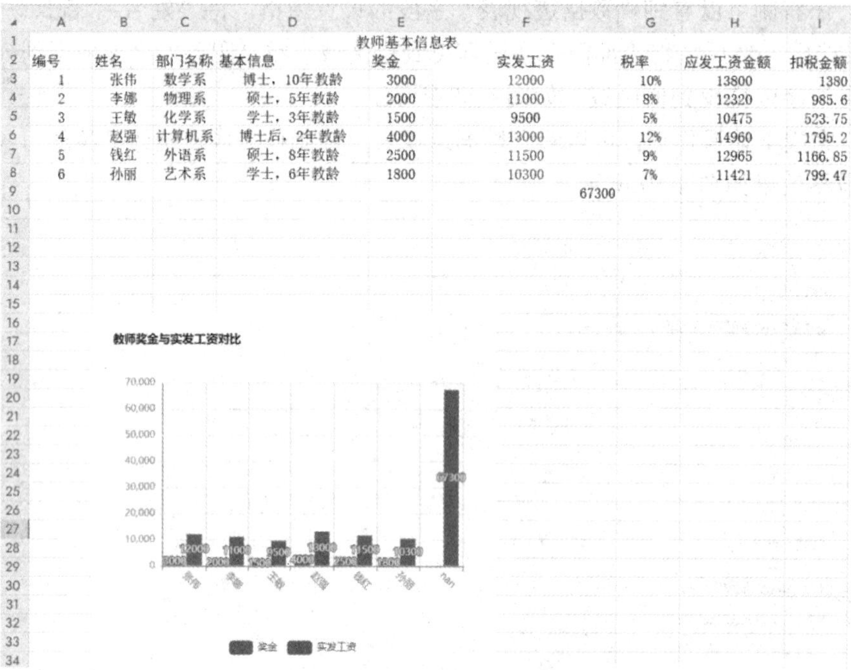

图 4-60 AI 生成“教师基本信息表”最终效果

【操作步骤】

（1）通过 WPS AI 生成“教师基本信息表”表格并完成表格属性设置、公式编辑、数据管理。

① 新建空白工作表，选定表格生成的起始位置，本实验选择 A1 单元格。在 WPS 会员模式下，保存“教师基本信息表”图片，单击菜单栏右侧的“WPS AI”按钮，在下拉列表中选择“AI 表格助手”选项，打开“AI 表格助手”窗口，如图 4-61 所示。

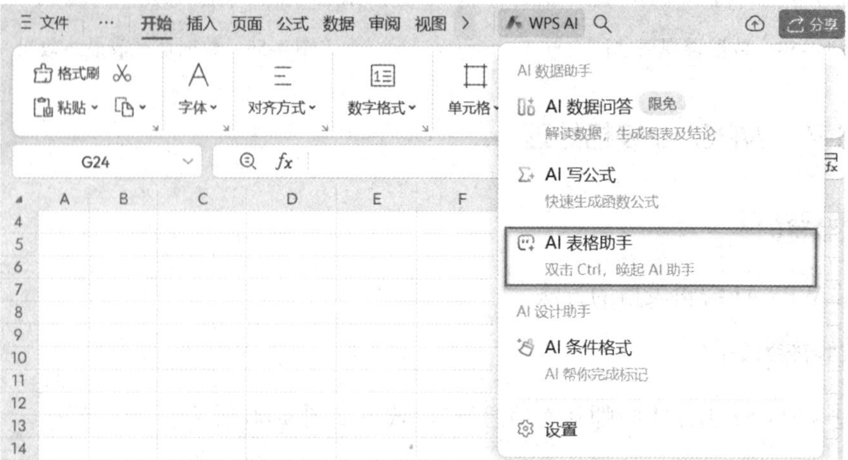

图 4-61 “AI 表格助手”选项

② 在打开的“AI 表格助手”窗口中，输入“生成标题为教师基本信息表，包含编号、姓名、部门名称、基本信息、奖金、实发工资、税率、应发工资金额的表格”，如图 4-62 所示。

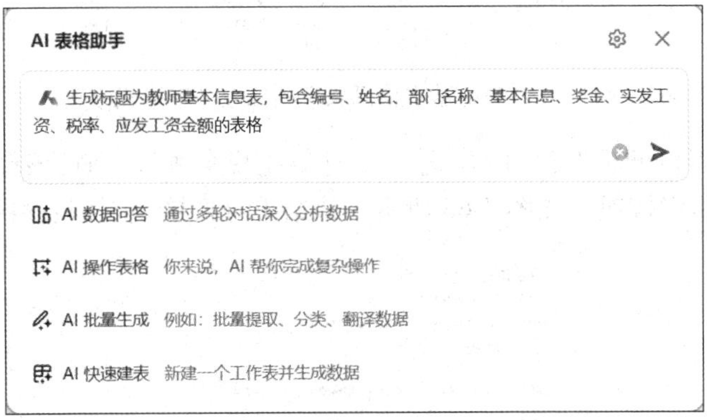

图 4-62 AI 生成“教师基本信息表”提问窗口及内容

③ 等待 AI 自动生成表格并填充数据，完成后自动在 AI:H7 单元格自动填充表格属性及字段（生成过程在线可随时查看或手动停止），确定生成表格可用则单击“AI 表格助手”窗口的“保留”按钮，完成表格生成，如图 4-63 所示。

	A	B	C	D	E	F	G	H	I
1	编号	姓名	部门名称	基本信息	奖金	实发工资	税率	应发工资金额	
2	1	张伟	数学系	博士，10	3000	12000	10%	13800	
3	2	李娜	物理系	硕士，5年	2000	11000	8%	12320	
4	3	王敏	化学系	学士，3年	1500	9500	5%	10475	
5	4	赵强	计算机系	博士后，:	4000	13000	12%	14960	
6	5	钱红	外语系	硕士，8年	2500	11500	9%	12965	
7	6	孙丽	艺术系	学士，6年	1800	10300	7%	11421	

图 4-63 AI 生成“教师基本信息表”结果

④ 在第一行前插入一行，A1:H1 单元格合并后居中，输入表格标题“教师基本信息表”。选中 A3:H8，在“AI 表格助手”窗口“接下来想做什么”的文本框中输入“文字居中”，单击“保留”按钮，则表格数据域自动居中显示。调整列宽至合适大小后，效果如图 4-64 所示。

	A	B	C	D	E	F	G	H
1	教师基本信息表							
2	编号	姓名	部门名称	基本信息	奖金	实发工资	税率	应发工资金额
3	1	张伟	数学系	博士，10年教龄	3000	12000	10%	13800
4	2	李娜	物理系	硕士，5年教龄	2000	11000	8%	12320
5	3	王敏	化学系	学士，3年教龄	1500	9500	5%	10475
6	4	赵强	计算机系	博士后，2年教龄	4000	13000	12%	14960
7	5	钱红	外语系	硕士，8年教龄	2500	11500	9%	12965
8	6	孙丽	艺术系	学士，6年教龄	1800	10300	7%	11421

图 4-64 AI 生成“教师基本信息表”文字居中效果

⑤ I2 单元格输入“扣税金额”，选中 A2:I2，打开“AI 助手”窗口，输入“A2:I2 黑体 红色”，单击“保留”按钮，效果如图 4-65 所示。

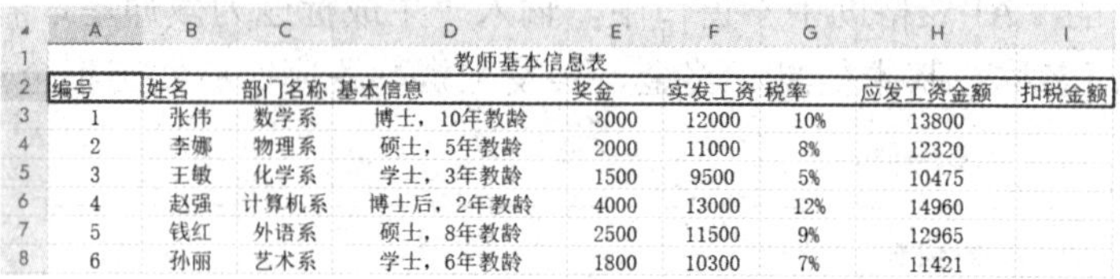

	A	B	C	D	E	F	G	H	I
1	教师基本信息表								
2	编号	姓名	部门名称	基本信息	奖金	实发工资	税率	应发工资金额	扣税金额
3	1	张伟	数学系	博士，10年教龄	3000	12000	10%	13800	
4	2	李娜	物理系	硕士，5年教龄	2000	11000	8%	12320	
5	3	王敏	化学系	学士，3年教龄	1500	9500	5%	10475	
6	4	赵强	计算机系	博士后，2年教龄	4000	13000	12%	14960	
7	5	钱红	外语系	硕士，8年教龄	2500	11500	9%	12965	
8	6	孙丽	艺术系	学士，6年教龄	1800	10300	7%	11421	

图 4-65　AI 生成“教师基本信息表”列标题文字格式修改后效果

⑥ 在“AI 表格助手”窗口中，输入“计算扣税金额”，则在该页面自动计算扣税金额。单击“保留”按钮，如图 4-66 所示。该结果可直接复制到表格中。

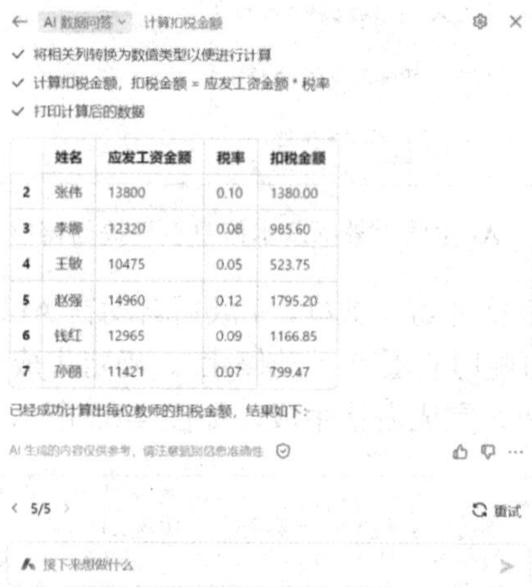

图 4-66　AI 生成“教师基本信息表”计算扣税金额的结果

⑦ 选定 F9 空白单元格，单击“WPS AI”按钮，在弹出的下拉列表里选择“AI 写公式”选项，如图 4-67 所示。

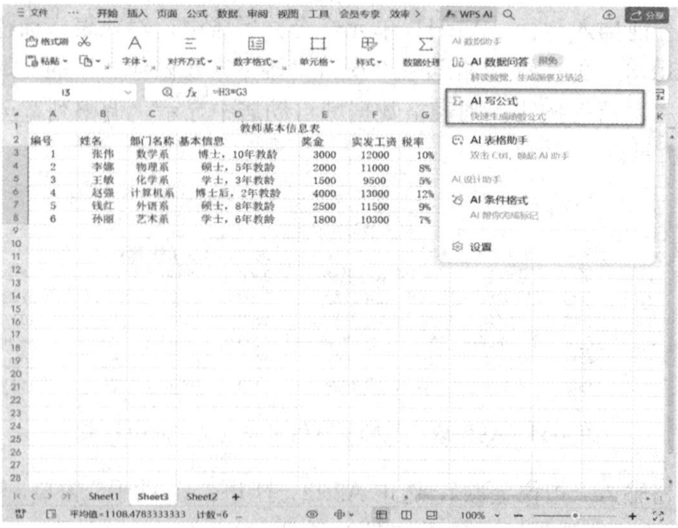

图 4-67　“AI 写公式”选项

⑧ 在"AI 写公式"窗口输入"实发工资求和"，则自动显示求和公式及计算区域，若不合理可手动修改。单击"完成"按钮，计算结果在 F9 单元格内显示，如图 4-68 所示。

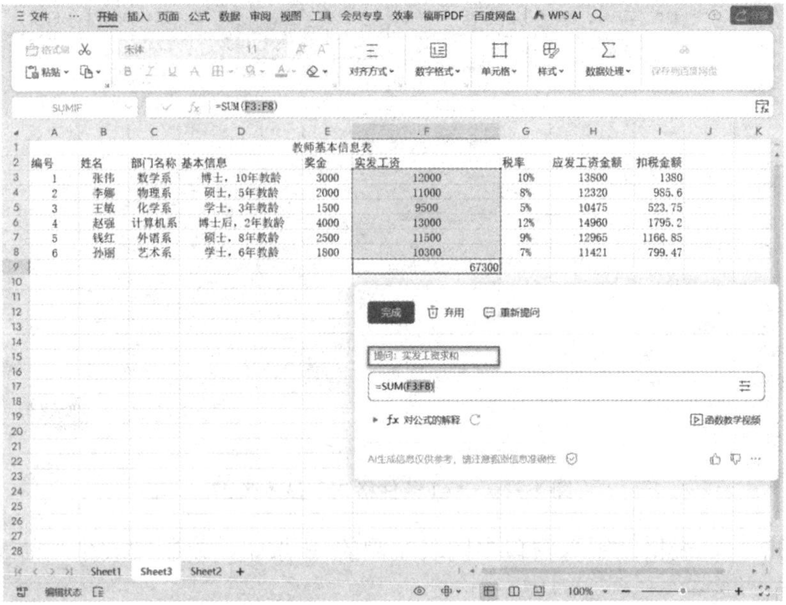

图 4-68　"AI 写公式"窗口

⑨ 单击"WPS AI"按钮，在弹出的下拉列表里选择"AI 条件格式"选项，如图 4-69 所示，打开"AI 条件格式"窗口（图 4-70）。在"AI 条件格式"窗口中，输入"F 列大于 10000 文字标记红色"，单击"完成"按钮，保留该条件格式，如图 4-71 所示，预览中可查看效果。

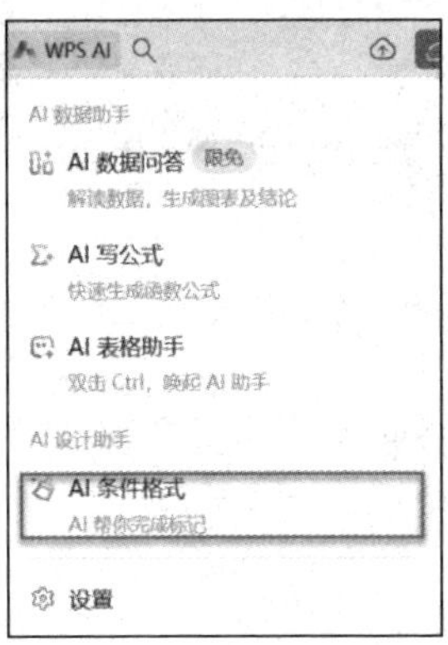

图 4-69　"AI 条件格式"选项

图 4-70　"AI 条件格式"窗口及提问内容

（2）通过 WPS AI 在"教师基本信息表"中生成柱形图。

① 单击"WPS AI"按钮，在弹出的下拉列表里选择"AI 表格助手"选项，在弹出的"AI 表格助手"窗口中输入"根据姓名、奖金、实发工资插入柱形图"，则自动生成柱形图。

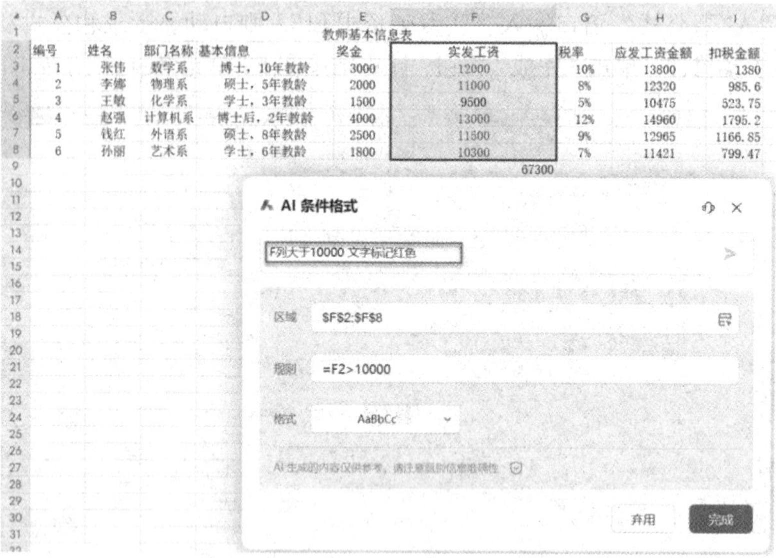

图 4-71 “AI 条件格式”显示效果

② 单击“AI 表格助手”窗口中图表左侧的 按钮，复制图表到当前表格中，如图 4-72 所示。

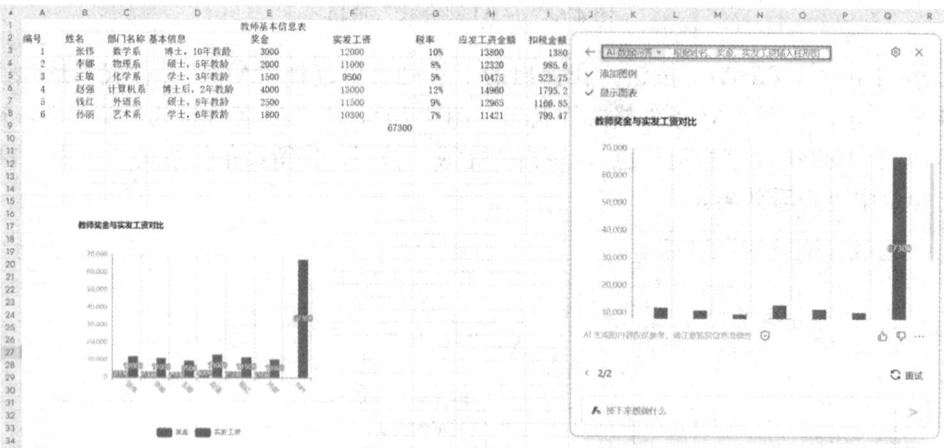

图 4-72 “AI 表格助手”插入图表效果

实验 5 WPS 演示文稿制作

实验 5.1 应用幻灯片版式

【实验目的】

掌握幻灯片版式的使用方法。

【实验内容】

（1）打开幻灯片，选定需要更改版式的目标幻灯片。

（2）选择相应的幻灯片版式并应用。

【操作步骤】

选中需要更改版式的目标幻灯片，单击“开始”→“版式”下拉按钮，在弹出的“版式”下拉列表中选择一种版式后，应用于当前幻灯片，如图 5-1 所示。

图 5-1 “版式”下拉列表

实验 5.2 应用幻灯片设计主题

【实验目的】

掌握幻灯片设计的使用方法。

【实验内容】

（1）选定目标幻灯片的主题模板。

（2）根据需要选取幻灯片配色方案。

（3）统一幻灯片中的字体。

（4）幻灯片背景样式设定。

【操作步骤】

1. 选定幻灯片主题模板

单击“设计”选项卡“主题”选项组中的一种模板，然后将所选择的模板应用于幻灯片，如图 5-2 所示。

图 5-2　“设计”选项卡

2. 幻灯片配色方案

单击“设计”→“配色方案”下拉按钮，在弹出的“配色方案”下拉列表中选择一种方案后，将所选方案应用于幻灯片，如图 5-3 所示。

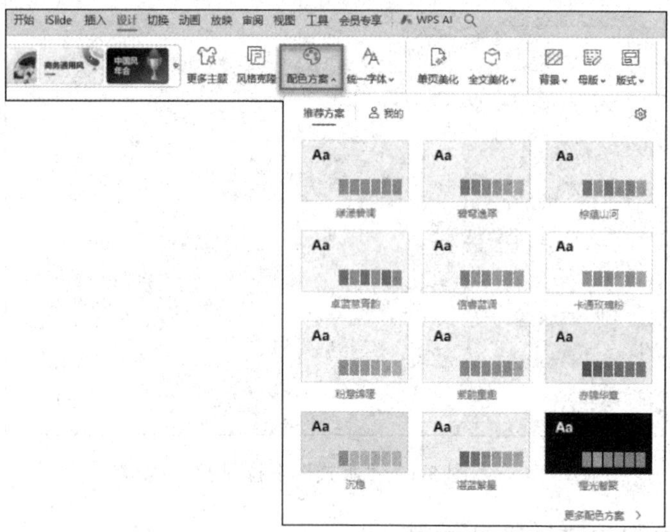

图 5-3　“配色方案”下拉列表

3. 统一幻灯片中的字体

单击“设计”→“统一字体”下拉按钮，在弹出的“统一字体”下拉列表的“推荐方案”区域中选择一种方案后，将所选方案应用于幻灯片，如图 5-4 所示。也可以通过下边的“替换字体”和“批量设置字体”按钮对字体设置应用范围进行限定。

图 5-4　“统一字体”下拉列表

4. 幻灯片背景样式

单击“设计”→“背景”下拉按钮，在弹出的“背景”下拉列表中选择一种背景填充样式即可，如图 5-5 所示。或者选择“背景”选项，在页面右侧打开“对象属性”窗格，在此窗格的“填充”区域中进行设置后将所选背景样式应用于幻灯片，如图 5-6 所示。

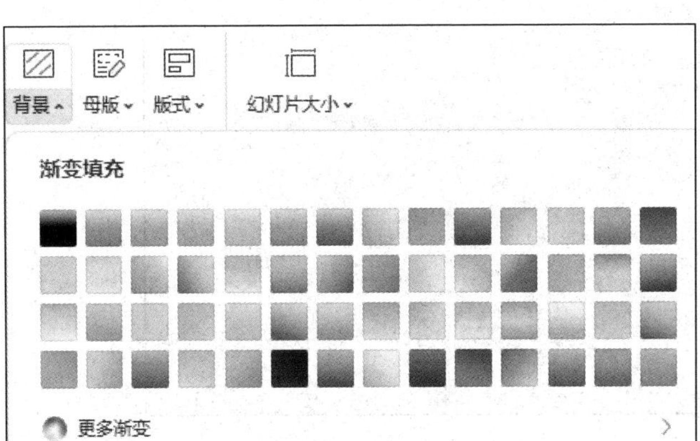

图 5-5　“背景”下拉列表

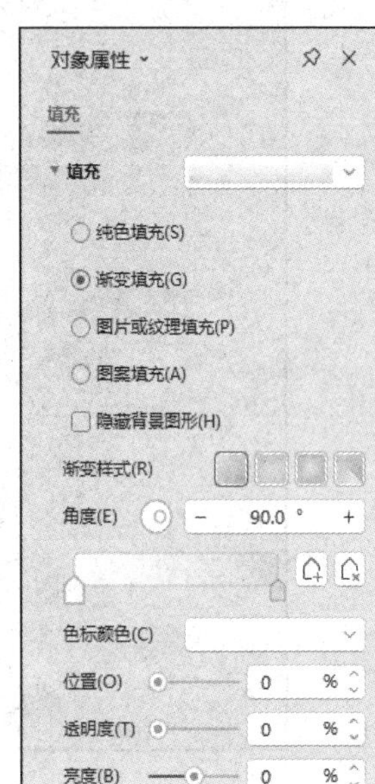

图 5-6　设置背景窗格

实验 5.3 幻灯片母版的使用

【实验目的】

掌握幻灯片母版的使用方法。

【实验内容】

（1）打开幻灯片母版视图。

（2）对标题母版和幻灯片母版进行设置。

【操作步骤】

单击“视图”→“幻灯片母版”按钮，如图 5-7 所示，打开幻灯片母版视图，对标题母版和幻灯片母版进行设置后，单击“幻灯片母版”→“关闭”按钮，返回到演示文稿编辑界面，如图 5-8 所示。

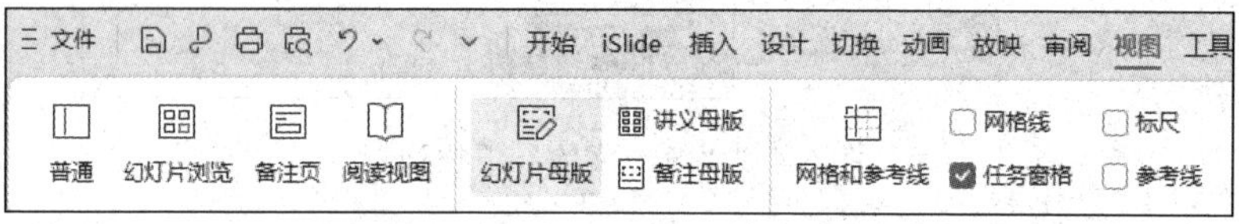

图 5-7 “视图”选项卡

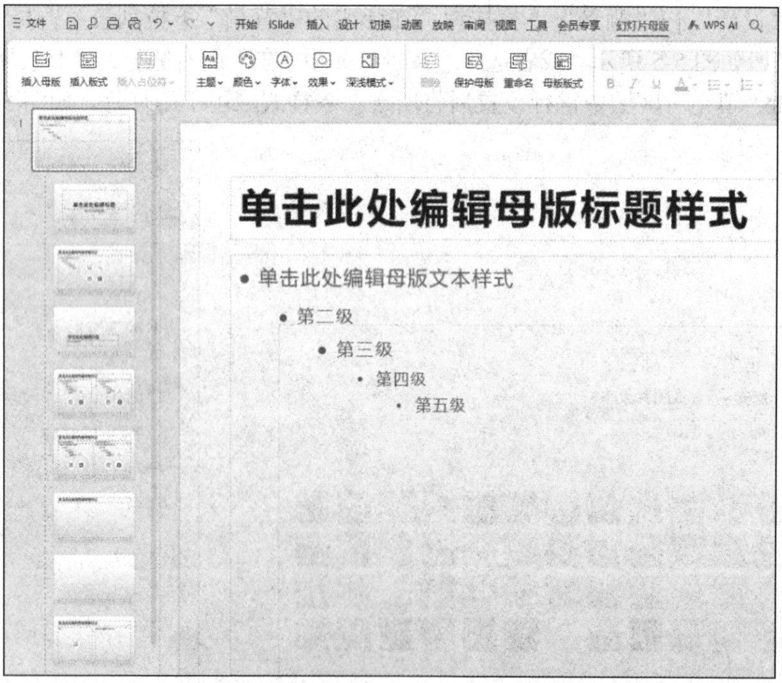

图 5-8 “幻灯片母版”选项卡

实验 5.4 超链接和动作的使用

【实验目的】

掌握设置超链接和动作的方法。

【实验内容】

（1）选取超链接对象并设置超链接。

（2）为选择的超链接对象设置动作。

【操作步骤】

1. 设置超链接

选中要设置超链接的文本或图形图片等对象，右击，在弹出的快捷菜单中选择“超链接”命令，如图 5-9 所示。或者单击“插入”→“超链接”按钮，如图 5-10 所示，打开“超链接”对话框（图 5-11），选择链接对象或位置，单击“确定”按钮完成设置。

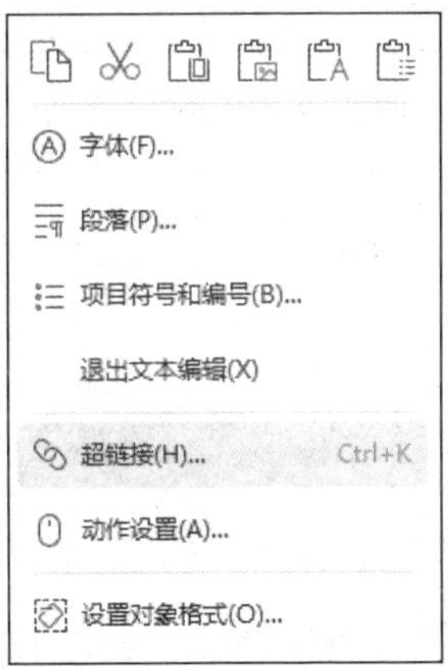

图 5-9 “超链接”命令

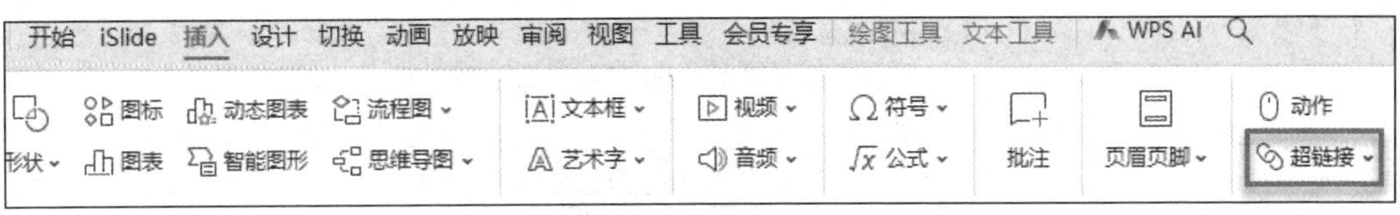

图 5-10 “超链接”按钮

2. 设置动作

单击“插入”→“动作”按钮，如图 5-12 所示，打开“动作设置”对话框（图 5-13），为选择的对象设置动作。

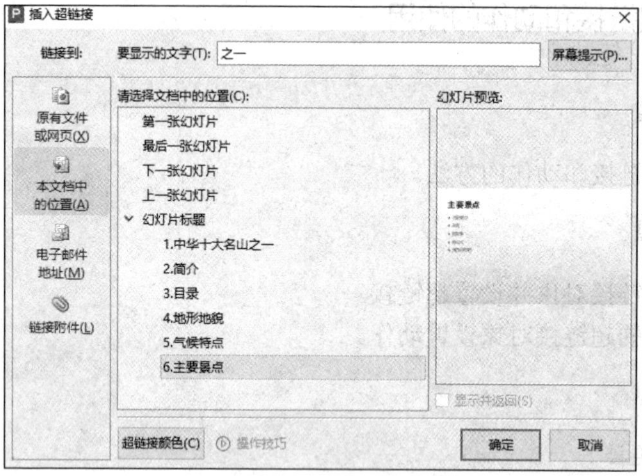

图 5-11 “超链接”对话框

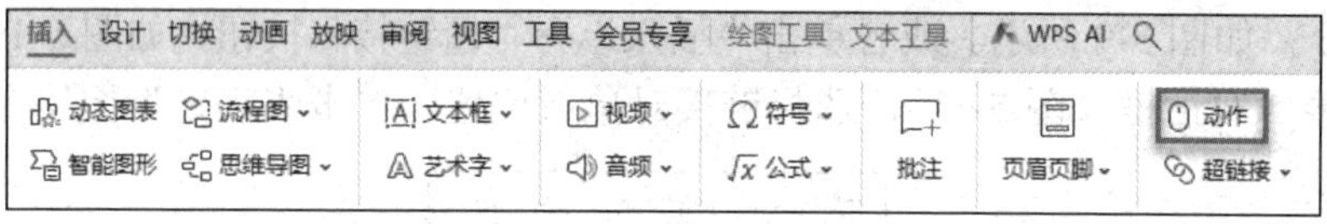

图 5-12 “动作”按钮

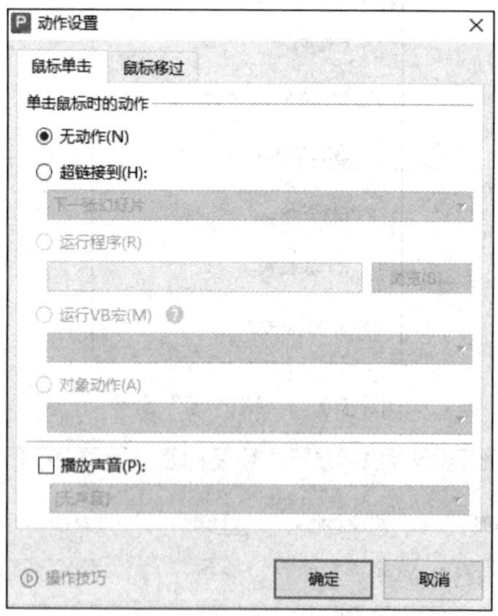

图 5-13 “操作设置”对话框

实验 5.5 音频、视频和对象的插入

【实验目的】

掌握在 WPS 演示文稿中插入音频、视频和对象的方法。

【实验内容】

(1)音频的插入。
(2)视频的插入。
(3)对象的插入。

【操作步骤】

1. 音频的插入

单击“插入”→“音频”下拉按钮，在弹出的“音频”下拉列表中可选“嵌入音频”“链接到音频”“嵌入背景音乐”“链接背景音乐”等4个选项，如图5-14所示。以“嵌入音频”为例，选择后打开相应对话框，选择一个声音文件后，单击“打开”按钮完成文件中的音频插入，并可在“音频工具”选项卡中设置音频文件的播放参数，如当前页播放、跨幻灯片播放或循环播放等，如图5-15所示。

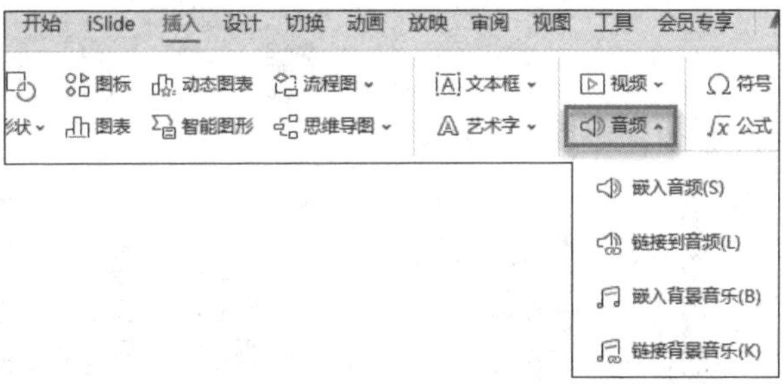

图5-14 “音频”下拉列表

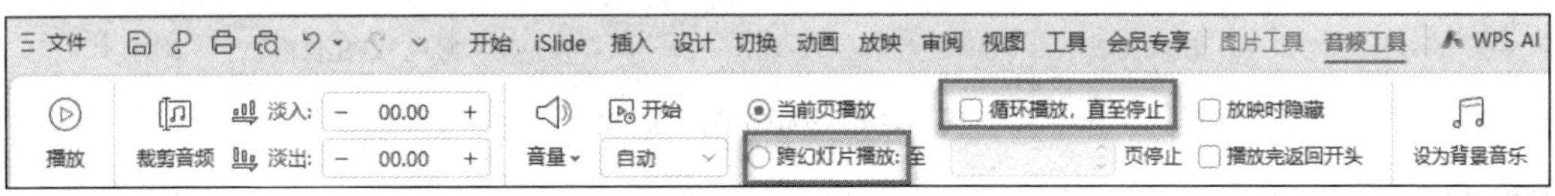

图5-15 “音频工具”选项卡

2. 视频的插入

视频的使用方法和音频的使用方法基本相同，在此不再赘述。

3. 对象的插入

单击“插入”→“对象”按钮，如图5-16所示，打开“插入对象”对话框，如图5-17所示。

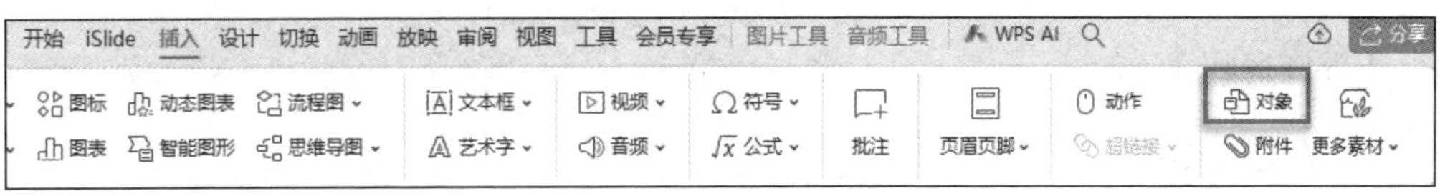

图5-16 “对象”按钮

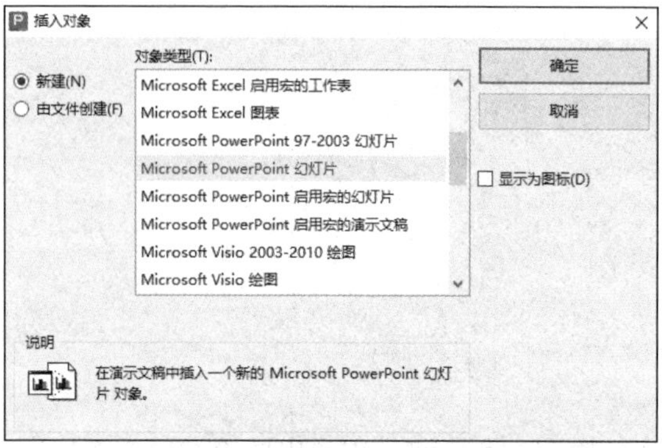

图 5-17 “插入对象”对话框

选择需要插入的对象（如 Excel 图表），单击“确定”按钮后在文稿页面中出现图表，如图 5-18（a）所示。双击图表自动弹出 WPS 表格，如图 5-18（b）所示，可以对图表进行编辑和设置，完成编辑和设置后返回演示文稿。

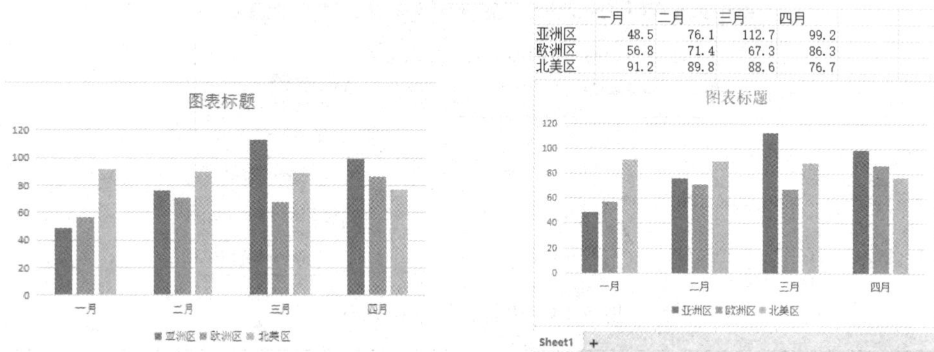

（a）出现图表　　（b）出现 WPS 表格

图 5-18 Excel 图表编辑

实验 5.6 自定义动画和幻灯片切换的设置

【实验目的】

掌握自定义动画和幻灯片切换的设置方法。

【实验内容】

（1）自定义动画的设置。

（2）幻灯片切换的设置。

【操作步骤】

1. 自定义动画

选中要添加动画的对象，在“动画”选项卡下的动画效果下拉列表中选择一种动画效果，如图 5-19 所示，可在“动画属性”下拉按钮和“计时”区域中对动画进行详细的参数设置。

图 5-19 “动画”选项卡

2. 幻灯片切换动画

选中要设置的幻灯片，在“切换”选项卡下的切换效果下拉列表中选择一种切换方案，然后单击“效果选项”下拉按钮，在弹出的“效果选项”下拉列表中选择一种效果，如图 5-20 所示。还可在“切换”选项卡的“计时”选项区域中设置动画应用范围和切换方式等，最后完成切换动画的设置。

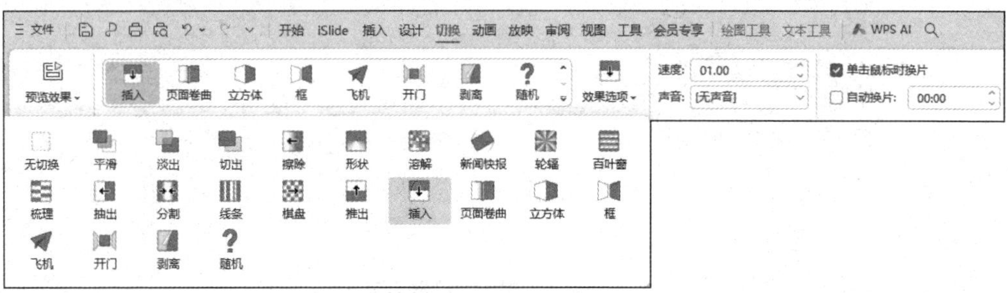

图 5-20 “切换”选项卡

实验 5.7 WPS AI 自动生成演示文稿

【实验目的】

熟悉 WPS AI 自动生成演示文稿的方法。

【实验内容】

（1）创建 WPS 演示文稿。
（2）通过 WPS AI 实现自动生成演示文稿。
（3）为 WPS AI 生成的演示文稿挑选模板并确认生成 PPT。

【操作步骤】

1. 创建 WPS 演示文稿

单击窗口左上角的 WPS Office，单击“新建”按钮，选择“演示”命令，在弹出的窗格中选择“AI 生成 PPT”，如图 5-21 所示。

图 5-21　创建“AI 生成 PPT”演示文稿

2. AI 生成 PPT

在 AI 生成 PPT 窗口中输入幻灯片主题，由 AI 智能生成大纲，如图 5-22 所示。

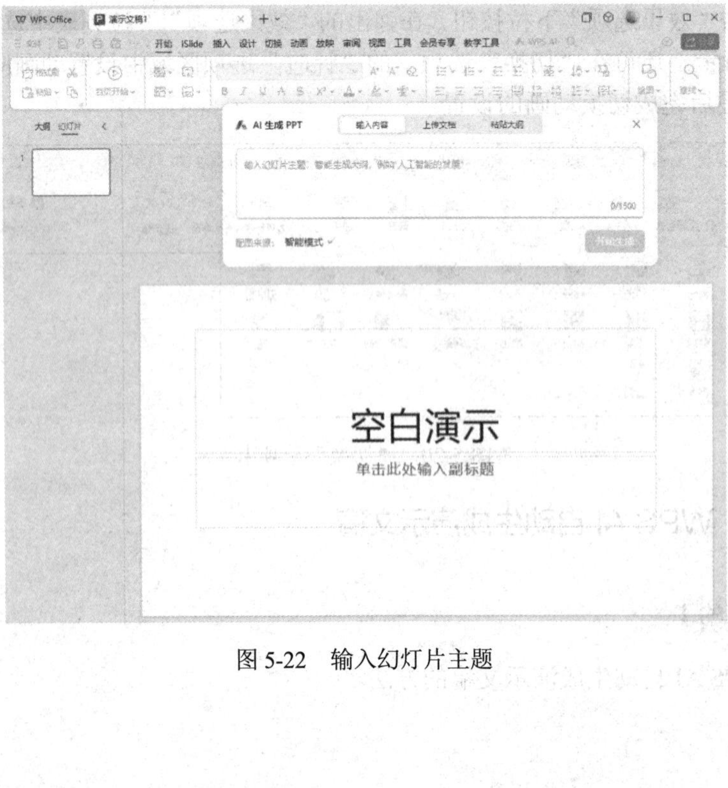

图 5-22　输入幻灯片主题

3. 挑选模板完成幻灯片创建

以“中国传统节日春节”为例，AI 自动生成幻灯片大纲，选择模板后单击“创建幻灯片”按钮即可查看生成的演示文稿，如图 5-23 和图 5-24 所示。

图 5-23　AI 生成幻灯片大纲窗口

图 5-24　选择模板后创建幻灯片

4. 确认 AI 生成 PPT

通过“视图”选项卡下幻灯片浏览、阅读等方式查看确认生成的 PPT，如图 5-25 所示。

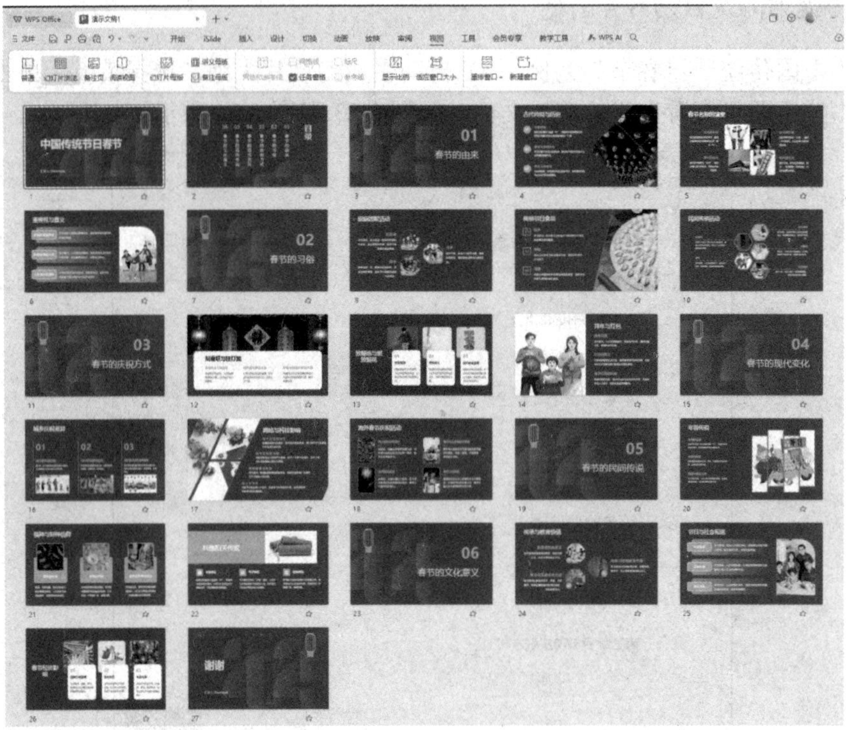

图 5-25 幻灯片“浏览”视图查看 PPT

第2部分 习　题

第1章　计算机基础习题

一、单选题

1. 世界上第一台电子数字积分计算机取名为（　　）。

A．UNIVAC　　B．EDSAC

C．ENIAC　　D．EDVAC

2. 在标准 ASCII 码表中，已知英文字母 D 的 ASCII 码是 01000100，英文字母 C 的 ASCII 码是（　　）。

A．01000001　　B．01000010

C．01000011　　D．01100011

3. 个人计算机简称为 PC，这种计算机属于（　　）。

A．微型计算机　　B．小型计算机

C．超级计算机　　D．巨型计算机

4. 目前，制造计算机所采用的电子器件是（　　）。

A．晶体管　　B．超导体

C．中小规模集成电路　　D．超大规模集成电路

5. 一个完整的计算机系统通常包括（　　）。

A．硬件系统和软件系统　　B．计算机及其外部设备

C．主机、键盘与显示器　　D．系统软件和应用软件

6. 计算机软件是指（　　）。

A．计算机程序　　B．源程序和目标程序

C．源程序　　D．计算机程序及有关资料

7. 计算机的软件系统一般分为（　　）两部分。

A．系统软件和应用软件　　B．操作系统和计算机语言

C．程序和数据　　D．DOS 和 Windows

8. 在计算机内部，不需要编译计算机就能直接执行的语言是（　　）。

A．汇编语言　　B．自然语言

C．机器语言　　D．高级语言

9．主要决定微型计算机性能的是（　　）。

A．CPU　　B．耗电量

C．质量　　D．价格

10．在微型计算机中，运算器的主要功能是进行（　　）运算。

A．算术　　B．逻辑

C．初等函数　　D．算术和逻辑

11．MIPS 常用来描述计算机的运算速度，其含义是（　　）。

A．每秒钟处理百万个字符　　B．每分钟处理百万个字符

C．每秒钟执行百万条指令　　D．每分钟执行百万条指令

12．计算机存储数据的最小单位是二进制的（　　）。

A．位（比特）　　B．字节

C．字长　　D．千字节

13．一个字节包括（　　）个二进制位。

A．8　　B．16

C．32　　D．64

14．1MB 等于（　　）字节。

A．100000　　B．1024000

C．1000000　　D．1048576

15．下列数据中，有可能是八进制数的是（　　）。

A．488　　B．317

C．597　　D．189

16．与十进制数 36.875 等值的二进制数是（　　）。

A．110100.011　　B．100100.111

C．100110.111　　D．100101.101

17．下列逻辑运算结果中，不正确的是（　　）。

A．0+0=0　　B．1+0=1

C．0+1=0　　D．1+1=1

18．磁盘属于（　　）。

A．输入设备　　B．输出设备

C．内存储器　　D．外存储器

19．数据和程序存储在磁盘上的形式是（　　）。

A．集合　　B．文件

C．目录　　D．记录

20．具有多媒体功能系统的微型计算机常用 CD-ROM 作为外存储设备，它是（　　）。

A．只读存储器　　B．只读光盘

C．只读硬磁盘　　D．只读大容量软磁盘

21．下列计算机应用项目中，属于数值计算应用领域的是（　　）。

A．气象预报　　B．文字编辑系统

C．运输行李调度　　D．专家系统

22．ROM 中的信息是（　　）。

A．由程序临时存入的　　B．在安装系统时写入的

C．由用户随时写入的　　D．由生产厂家预先写入的

23．下列 4 个计算机存储容量的换算公式中，错误的是（　　）。

A．1MB=1024KB　　B．1KB=1024MB

C．1KB=1024B　　D．1GB=1024MB

24．下列不同进制的 4 个数中，最小的一个数是（　　）。

A．$(1101100)_2$　　B．$(65)_{10}$

C．$(70)_8$　　D．$(A7)_{16}$

25．根据计算机的（　　）不同，计算机的发展可划分为 4 代。

A．体积　　B．应用范围

C．运算速度　　D．电子元器件

26．汇编语言是（　　）。

A．机器语言　　B．低级语言

C．高级语言　　D．自然语言

27．计算机软件总体分为系统软件和（　　）。

A．非系统软件　　B．重要软件

C．应用软件　　D．工具软件

28．软盘加上写保护后，对它可以进行的操作是（　　）。

A．只能读盘，不能写盘　　B．既可读盘，又可写盘

C．只能写盘，不能读盘　　D．不能读盘，也不能写盘

29．在计算机系统中，任何外部设备都必须通过（　　）才能和主机相连。

A．存储器　　B．接口适配器

C．电缆　　D．CPU

30．一台计算机的字长是 4 字节，这意味着它（　　）。

A．能处理的字符串最多由 4 个英文字母组成

B．能处理的数值最大为 4 位十进制数 9999

C．在 CPU 中作为一个整体加以传送处理的二进制数码为 32 位

D．在 CPU 中运算的结果最大为 2^{32}

31．已知字母 A 的二进制 ASCII 码为 1000001，则字母 B 的十进制 ASCII 码为（　　）。

A．33　　B．65

C．66　　D．32

32．一般使用高级程序设计语言编写的应用程序称为源程序，这种程序不能直接在计算机中运行，需要有相应的语言处理程序翻译成（　　）程序后才能运行。

A．C 语言　　B．汇编语言

C．PASCAL 语言　　D．机器语言

33．第三代计算机使用的元器件为（　　）。

A．晶体管　　B．电子管
C．中小规模集成电路　　D．大规模和超大规模集成电路

34．计算机的字长总长不可能为（　　）位。
A．8　　B．12
C．64　　D．128

35．从软件分类来看，Windows 属于（　　）。
A．应用软件　　B．系统软件
C．支撑软件　　D．数据处理软件

36．在计算机中，信息存储的最小单位是（　　）。
A．二进制位　　B．字节
C．字　　D．字长

37．术语“ROM”是指（　　）。
A．内存储器　　B．随机存取存储器
C．只读存储器　　D．只读型光盘存储器

38．术语“RAM”是指（　　）。
A．内存储器　　B．随机存取存储器
C．只读存储器　　D．只读型光盘存储器

39．计算机断电时会丢失信息的是（　　）。
A．软盘　　B．硬盘
C．RAM　　D．ROM

40．完整的计算机系统应包括（　　）。
A．主机、键盘和显示器　　B．主机和操作系统
C．主机和外部设备　　D．硬件系统和软件系统

41．1GB 等于（　　）。
A．1024×1024B　　B．1024MB
C．1024Mb　　D．1000MB

42．在同一台计算机中，内存比外存（　　）。
A．存储容量大　　B．存取速度快
C．存取周期长　　D．存取速度慢

43．在计算机中，字节的英文名字为（　　）。
A．Bit　　B．Bity
C．Bait　　D．Byte

44．在计算机内存中存放 256 个 ASCII 码字符，需要（　　）的存储空间。
A．512 字节　　B．256 字节
C．0.5KB　　D．0.512KB

45．在计算机断电后，（　　）中的信息将会丢失。
A．ROM　　B．硬盘
C．软盘　　D．RAM

46．多媒体信息不包括（　　）。

A．文字、图像　　B．动画、影像

C．打印机、光驱　　D．音频、视频

47．我国自行生产的“天河二号”计算机属于（　　）。

A．微型计算机　　B．小型计算机

C．大型计算机　　D．巨型计算机

48．下列选项中，属于硬盘能够存储多少数据的一项重要指标的是（　　）。

A．总容量　　B．读写速度

C．质量　　D．体积

49．微型计算机硬件系统中，最核心的部件是（　　）。

A．主板　　B．I/O 设备

C．内存储器　　D．CPU

50．下列逻辑运算结果中，不正确的是（　　）。

A．0∨0=0　　B．1∨0=1

C．0∨1=0　　D．1∨1=1

51．与八进制数 64.3 等值的二进制数是（　　）。

A．110100.011　　B．100100.111

C．100110.111　　D．100101.101

52．与十六进制数 26.E 等值的二进制数是（　　）。

A．110100.011　　B．100100.111

C．100110.111　　D．100101.101

53．计算机中对数据进行加工与处理的硬件为（　　）。

A．控制器　　B．运算器

C．显示器　　D．存储器

54．构成计算机物理实体的部件称为（　　）。

A．计算机软件　　B．计算机程序

C．计算机硬件　　D．计算机系统

55．计算机病毒是指（　　）。

A．能传染给用户的磁盘病毒　　B．已感染病毒的磁盘

C．具有破坏性的特制程序　　D．已感染病毒的程序

56．32 位微处理器中的“32”表示的技术指标是（　　）。

A．字节　　B．容量

C．字长　　D．二进制位

57．在微型计算机中，访问速度最快的存储器是（　　）。

A．硬盘　　B．软盘

C．RAM　　D．光盘

58．下列软件中，不属于应用软件的是（　　）。

A．人事管理系统　　B．工资管理系统

C．物资管理系统　　D．编译程序

59．计算机的存储器是一种（　　）。

A．输入部件　　B．输出部件

C．运算部件　　D．记忆部件

60．计算机存储容量的基本单位是（　　）。

A．字节　　B．字

C．字块　　D．位

61．CGA、EGA、VGA 标志着（　　）的不同规格和性能。

A．打印机　　B．存储器

C．显示适配器　　D．磁盘

62．内存中的随机存储器的英文缩写为（　　）。

A．ROM　　B．DPROM

C．CD-ROM　　D．RAM

63．计算机的发展经历了电子管计算机、晶体管计算机、集成电路计算机和（　　）计算机 4 个发展阶段。

A．二极管　　B．三极管

C．小型　　D．大规模集成电路

64．在计算机硬件设备中，（　　）合在一起称为中央处理器，简称 CPU。

A．存储器和控制器　　B．运算器和控制器

C．存储器和运算器　　D．运算器和 RAM

65．计算机的硬件主要包括 CPU、存储器、输出设备和（　　）。

A．输入设备　　B．鼠标

C．键盘　　D．显示器

66．按计算机的性能、规模和处理能力，可以将计算机分为（　　）。

A．通用计算机和专用计算机

B．巨型计算机、大型计算机、中型计算机、小型计算机和微型计算机

C．电子计算机和电子模拟计算机

D．科学与过程计算计算机、工业控制计算机和数据计算机

67．下述说法中，正确的是（　　）。

A．读取一个存储器单元的内容后，此单元中原有的数据将自动加 1

B．读取一个存储器单元的内容后，此单元中原有的数据将自动减 1

C．读取一个存储器单元的内容后，此单元中原有的数据将自动消失

D．读取一个存储器单元的内容后，此单元中原有的数据将不会变化

68．（　　）的运算速度可达到每秒一太次以上，主要用于国家高科技领域与工程计算和尖端技术研究。

A．专用计算机　　B．巨型计算机

C．微型计算机　　D．小型计算机

69．在计算机内部，用来传送、存储、加工处理的数据或指令都是以（　　）形式

进行的。

A．二进制码　　B．拼音简码
C．八进制码　　D．五笔字型码

70．按计算机的用途进行分类，则（　　）不包含其中。

A．企业管理　　B．人工智能
C．计算机辅助　　D．多媒体技术

71．计算机的发展阶段通常是按计算机所采用的（　　）来划分的。

A．内存容量　　B．电子元器件
C．程序设计语言　　D．操作系统

72．内存中每个基本单位都被赋予一个唯一的序号，称为（　　）。

A．地址　　B．字节
C．字段　　D．容量

73．存储容量为1KB，可存入（　　）个二进制的信息。

A．1024　　B．8×1024
C．8×8×1024　　D．1024×1024

74．计算机辅助制造的简称是（　　）。

A．CAD　　B．CAM
C．CAE　　D．CBE

75．第二代计算机是（　　）计算机。

A．电子管　　B．晶体管
C．集成电路　　D．大规模集成电路

二、填空题

1．按标准指法操作键盘时，左手中指应敲击基本键位上的________键。
2．计算机中的信息是以________的形式存储在磁盘上的。
3．打印机是一种________。
4．某单位人事档案管理程序属于________软件。
5．个人计算机简称PC，这种计算机属于________型计算机。
6．一个完整的计算机系统包括________和________。
7．1KB是________字节。
8．在计算机中，一个字节由________个二进制数组成。
9．世界上不同型号的计算机工作原理都是由________提出来的。
10．CPU的主要组成是运算器和________。

三、判断题

1．计算机能够直接执行的语言是机器语言。（　　）
2．计算机断电后，ROM中的信息会丢失。（　　）
3．输入设备和输出设备是用来存储程序及数据的装置。（　　）

4．通常硬盘安装在主机箱内，因此它属于主存储器。（　）

5．运算器是进行算术运算和逻辑运算的部件，通常被称为CPU。（　）

6．为了避免混淆，十六进制数在书写时常在后面加H。（　）

7．从计算机的用途上看，普通家庭使用的计算机都是专用计算机。（　）

8．鼠标可分为机械式鼠标和光电式鼠标。（　）

9．任何存储器都有记忆能力，其中的信息不会丢失。（　）

10．从物理上拔出U盘之前，应先使用“拔下或弹出硬件”程序停止U盘工作，以防数据丢失或U盘故障。（　）

四、思考题

1．冯·诺依曼体系结构的核心思想是“存储程序”，请结合现代计算机发展现状，分析该结构在并行处理、存储效率等方面的局限性，是否可能被新型体系结构取代？

2．除了计算机，列举一个生活中使用二进制思想的例子（如红绿灯信号），并思考其如何用“0”和“1”表示信息。

3．如果计算机突然无法开机，可能是硬件问题还是软件问题？请列出3种可能的原因（如电源、内存、操作系统）。

4．从个人使用角度出发，提出两条减少计算机能耗的具体措施。

习题答案

一、单选题

1～5．CCADA　　6～10．DACAD　　11～15．CAADB

16～20．BCDBB　　21～25．ADBCD　　26～30．BCABC

31～35．CDCBB　　36～40．ACBCD　　41～45．BBDBD

46～50．CDADC　　51～55．ACBCC　　56～60．DCDDA

61～65．CDDBA　　66～70．BDBAD　　71～75．BABBB

二、填空题

1．D

2．二进制

3．输出设备

4．应用

5．微

6．硬件系统　软件系统

7．1024

8. 8
9. 冯·诺依曼
10. 控制器

三、判断题

1～5. √××××　　6～10. √×√×√

四、思考题

略

第2章 计算机网络基础习题

一、单选题

1．计算机网络技术是（　　）技术和通信技术结合的产物。

A．数据处理　　B．自动控制

C．计算机　　D．大数据

2．计算机网络诞生至今，主要经历了（　　）个主要发展阶段。

A．1　　B．2

C．3　　D．4

3．计算机网络建立的主要目的是资源共享和（　　）。

A．资源下载　　B．数据通信

C．信息传输　　D．数字生活

4．计算机网络突出的特点是（　　）。

A．内存容量大　　B．运算精度高

C．资源共享　　D．运算速度快

5．局域网和广域网分类的依据是（　　）。

A．信息交换方式　　B．网络连接距离

C．网络使用者　　D．传输控制规程

6．一个完整的URL地址由协议名、主机IP地址或域名、端口及（　　）组成。

A．客户名　　B．文件名

C．路径　　D．进程名

7．（　　）是Web浏览器与WWW服务器之间相互通信最主要的协议。

A．FTP　　B．HTTP

C．UDP　　D．TCP

8．根据网络覆盖的地理范围，可以将计算机网络分为3类，它们是（　　）。

A．广域网、城域网、局域网　　B．局域网、广域网、互联网

C．局域网、互联网、城域网　　D．广域网、城域网、Internet

9．OSI参考模型的第二层是（　　）。

A．物理层　　B．网络层

C．数据链路层　　D．应用层

10．TCP/IP参考模型的第三层是（　　）。

A．物理层　　B．网络层

C．应用层　　D．传输层

二、填空题

1．按照网络的传输介质分类，计算机网络可分为________网络和________网络两种。

2．网络协议主要由________、________、________3 个要素组成。

3．OSI 参考模型分为________层。

4．TCP/IP 参考模型，由下到上分别为网络接口层、________、传输层、应用层。

5．Internet 的前身是________。

6．IP 地址是 Internet 主机的一种数字型标志，由________和主机号组成。

7．________是指编制者在计算机程序中插入的破坏计算机功能或数据，影响计算机使用，并且能够自我复制的一组计算机指令或程序代码。

8．计算机网络面临两大类威胁，即被动攻击和________。

9．主动攻击包括篡改、________、________等。

10．域名使用________法，使用的字符包括字母、数字、连字符等。

三、判断题

1．没有网卡的计算机不能连入互联网。（　　）

2．要在 Internet 上发送电子邮件，必须知道对方的真实姓名和住址。（　　）

3．光纤是目前局域网的主要传输介质。（　　）

4．TCP/IP 只有两个协议。（　　）

5．局域网的英文缩写是 WAN。（　　）

6．网络适配器又称网络接口卡，简称网卡。（　　）

7．从逻辑功能方面分析，计算机网络可分为通信子网和资源子网。（　　）

8．在局域网中，交换机可以代替集线器使用。（　　）

9．OSI 将计算机网络由低到高分为物理层、数据链路层、网络层、会话层、表示层、传输层和应用层。（　　）

10．双绞线通常传输距离不超过 200 米。（　　）

四、思考题

1．计算机网络体系结构包括哪几种？它们的区别是什么？

2．OSI 七层模型与 TCP/IP 四层模型的各自特点是什么？

3．在日常使用计算机网络过程中，如何确保网络安全？

习题答案

一、单选题

1～5．CDBCB　　6～10．CBACD

二、填空题

1．有线　无线
2．语法　语义　时序
3．7
4．网络层
5．ARPAnet
6．网络号
7．计算机病毒
8．主动攻击
9．恶意程序　拒绝服务
10．层次命名

三、判断题

1～5．√××××　　6～10．√√√××

四、思考题

略

第3章 操作系统基础习题

一、单选题

1. Windows 11 是一种（　　）、多任务、图形化、窗口式操作系统。

   A．多用户　　B．单用户

   C．2 用户　　D．10 用户

2. 当一个应用程序窗口被最小化后，该应用程序将（　　）。

   A．被终止执行　　B．继续在前台执行

   C．被暂停执行　　D．被转入后台执行

3. 在 Windows 11 中，如果删除的目标是一个文件夹，将（　　）。

   A．仅删除该文件夹

   B．仅删除该文件夹中的文件

   C．删除文件夹中部分文件

   D．删除该文件夹及内部的所有内容

4. 在 Windows 11 中，拖动（　　）可移动窗口。

   A．菜单栏　　B．标题栏

   C．工具栏　　D．任一位置

5. 在 Windows 11 中，删除一个应用程序的标准操作是（　　）。

   A．打开“文件资源管理器”，然后在其中进行删除操作

   B．打开“此电脑”，然后在其中进行删除操作

   C．进入“命令提示符”，在其中用 DEL 命令删除应用程序对应的文件

   D．打开控制面板，选择“程序”→“卸载程序”命令

6. 以下对 Windows 文件、文件夹的命名中，错误的是（　　）。

   A．可以包含空格符　　B．可以包含“？”

   C．不能包含“<”　　D．最多可以包含 255 个字符

7. 在 Windows 11 中，关于任务栏描述错误的是（　　）。

   A．任务栏的位置、大小均可以改变

   B．任务栏不可以隐藏

   C．任务栏上显示的是已打开的文档名或正在运行的程序名

   D．任务栏的尾端可添加图标

8. 在 Windows 11 中，可通过（　　）来进行输入法的安装和删除。

   A．附件　　B．文件资源管理器

   C．此电脑　　D．控制面板

9. 在 Windows 11 中，启用和关闭中文输入法的快捷键是（　　）。

A．Shift+Space　　B．Ctrl+Space
C．Ctrl+Shift　　D．Ctrl+Alt

10．在 Windows 11 文件资源管理器中，下列叙述正确的是（　　）。
A．单击左边窗口图标前的“>”可以打开文件夹
B．单击左边窗口图标前的“∨”可以展开文件夹
C．展开文件夹与打开文件夹是相同的操作
D．展开文件夹与打开文件夹是不同的操作

11．在 Windows 11 中，“回收站”是（　　）。
A．硬盘上的一块区域　　B．软盘上的一块区域
C．内存中的一块区域　　D．光盘中的一块区域

12．按 Ctrl+Alt+Del 组合键，打开“Windows 任务管理器”，不能通过任务管理器来完成的是（　　）。
A．结束任务　　B．切换任务
C．注销用户　　D．重启系统

13．Windows 11 的桌面指的是（　　）。
A．整个屏幕　　B．全部窗口
C．某个窗口　　D．活动窗口

14．要选定多个连续的文件（文件夹），要先单击第一个文件（文件夹），然后按住（　　）键不放，单击需要选定的最后一个文件（文件夹）即可。
A．Alt　　B．Ctrl
C．Shift　　D．Tab

15．正常退出 Windows 11 系统，正确的操作是（　　）。
A．在任何时刻关掉计算机的电源
B．选择“开始”→“电源”→“关机”命令并进行人机对话
C．在计算机没有任何操作的状态下关掉计算机的电源
D．在任何时刻按 Ctrl+Alt+Del 键

16．有关 Windows 附件的“写字板”“记事本”“画图”的叙述中，正确的是（　　）。
A．它们都是文字处理软件
B．“记事本”创建的文档在“画图”中可以浏览
C．“画图”创建的位图文件可以在“写字板”中编辑
D．“记事本”创建的文档可以在“写字板”中编辑

17．在 Windows 11 中，使用删除命令删除硬盘中的文件后，（　　）。
A．文件确实被删除，无法恢复
B．在没有存盘操作的情况下，还可恢复，否则不可恢复
C．文件被放入回收站，可以通过“查看”菜单的“刷新”命令恢复
D．文件被放入回收站，可以通过回收站操作恢复

18．在 Windows 11 中，要查找某文件的存储位置，可以通过“开始”菜单的（　　）命令。

A．程序　　B．文档
C．搜索　　D．帮助

19．在 Windows 11 中，下列说法正确的是（　　）。

A．允许同一文件夹中的两个文件同名，也允许不同文件夹中的两个文件同名
B．允许同一文件夹中的两个文件同名，但不允许不同文件夹中的两个文件同名
C．不允许同一文件夹中的两个文件同名，也不允许不同文件夹中的两个文件同名
D．不允许同一文件夹中的两个文件同名，但允许不同文件夹中的两个文件同名

20．同一驱动器上用鼠标拖动功能实现文件或文件夹的移动时，正确的操作是（　　）。

A．用鼠标左键拖文件或文件夹到目的文件夹上
B．按住 Shift 键，然后用鼠标左键拖文件或文件夹到目的文件夹上
C．按住 Alt 键，然后用鼠标左键拖文件或文件夹到目的文件夹上
D．按住 Ctrl 键，然后用鼠标左键拖文件或文件夹到目的文件夹上

21．在 Windows 11 中，文件名 MM.txt 和 mm.txt（　　）。

A．是同一个文件　　B．不是同一个文件
C．有时候是同一个文件　　D．是两个文件

22．以下文件类型中，不属于音频文件的是（　　）。

A．.avi　　B．.wav
C．.mp3　　D．.midi

23．在 Windows 11 中，下列文件名正确的是（　　）。

A．&file.txt　　B．file*.txt
C．ile:30.txt　　D．f>g.txt

24．在 Windows 11 窗口中，按（　　）组合键可以打开菜单上的“查看”。

A．Alt+F　　B．Alt+E
C．Alt+V　　D．Alt+H

25．在 Windows 11 中，下列“剪贴板”的叙述中，不正确的是（　　）。

A．凡是有“剪切”和“复制”命令的地方，都可以把选取的信息送到“剪贴板”中
B．“剪贴板”中的信息可被复制多次
C．“剪贴板”中的信息可以自动保存成磁盘文件并长期保存
D．“剪贴板”既能存放文字，还能存放图片等

26．在剪切和粘贴操作时，数据暂时存储在（　　）中。

A．软盘　　B．硬盘
C．内存　　D．CPU

27．在 Windows 11 中，当一个窗口已经最大化后，下列叙述错误的是（　　）。

A．该窗口可以被关闭　　B．该窗口可以移动
C．该窗口可以最小化　　D．该窗口可以还原

28．下列对 Windows 的叙述中，正确的是（　　）。

A．Windows 的操作只能用鼠标实现

B. Windows 打开的多个窗口，既可平铺，也可层叠

C. Windows 为每一个任务自动建立一个显示窗口，其位置和大小不能改变

D. 在“文件资源管理器”窗口中，不同的磁盘之间可以通过鼠标拖动文件名的方法实现文件移动

29. 要重新排列桌面上的图标，用户首先要用鼠标操作的是（　　）。

A. 右击窗口空白处　　B. 右击任务栏空白处

C. 右击桌面空白处　　D. 右击“开始”菜单

30. 在 Windows 11 环境下，文件夹指的是（　　）。

A. 磁盘　　B. 目录

C. 程序　　D. 文档

二、填空题

1. 在 Windows 11 中，文件名最多可由________个字符组成。
2. 文件名包含________和________两部分。
3. 文件的________表示文件的类型。
4. Windows 11 的本地用户账户类型分为________和________。
5. Windows 11 的整个屏幕画面称作________。
6. 在“画图”中，为保存一幅作品，应用命令________立即保存。
7. 在 Windows 11 中，进行系统软件和硬件设置的程序组称为________。
8. 在 Windows 11 中，________组合键的功能是在不同的任务或窗口之间进行切换。
9. 在 Windows 11 中，“粘贴”命令的快捷组合键是________。
10. 选择文件时，要想连续选中一些文件，可以按住________键。

三、判断题

1. 在 Windows 11 中，“画图”文件默认的扩展名是.JPG。（　　）
2. 要删除一种中文输入法，可以在“文件资源管理器”窗口中进行。（　　）
3. Windows 11 的桌面外观可以根据爱好进行更改。（　　）
4. 使用鼠标拖曳操作方式可以一次对多个对象进行操作。（　　）
5. Windows 11 是系统软件。（　　）
6. 语言栏可以浮动显示在屏幕上，也可以显示在任务栏上。（　　）
7. 在 Windows 11 中，对话框允许用户改变其大小。（　　）
8. Windows 11 中剪贴板可以存放最近多次操作的信息。（　　）
9. 当窗口最大化之后，单击“还原”按钮将使窗口缩小成图标。（　　）
10. 屏幕上可以出现多个窗口，但只有一个是活动窗口。（　　）

四、思考题

1. 什么是操作系统？常见的操作系统有哪些？
2. 操作系统的作用和功能是什么？

3．桌面由哪些部分组成？

4．文件和文件夹的区别是什么？

5．什么是快捷方式？如何创建快捷方式？

6．控制面板有哪些管理功能？

7．计算器练习：新建名为“计算器练习”的文本文档，启动计算器计算下列各式的值，将计算结果以一题一行的形式保存在新建立的文本文档中。

（1）5！×π;

（2）$\sqrt[4]{21}-50\times\tan(1/2)$；

（3）4 Xor 5；

（4）$(1010101)_2-(1010)_2-(11100)_2$。

习题答案

一、单选题

1～5．ADDBD　　6～10．BBDBD　　11～15．ADACB

16～20．DDCDA　　21～25．AAACC　　26～30．CBBCB

二、填空题

1．255

2．主文件名　扩展名

3．扩展名;

4．管理员账户　标准账户

5．桌面

6．Ctrl+S

7．控制面板

8．Alt+Tab

9．Ctrl+V

10．Shift

三、判断题

1～5．××√√√　　6～10．√×××√

四、思考题

略

第 4 章 WPS 文字处理习题

一、单选题

1. 在“段落”对话框中，不能设置文本的（　　）。
   A. 缩进方式　　B. 字符间距
   C. 行间距　　D. 对齐方式
2. WPS 文字是办公系列软件 WPS Office 中的一个组件，其主要功能是（　　）。
   A. 文字和表格处理　　B. 图形图像处理
   C. 数据库管理　　D. 网络管理
3. 在编辑文档时，（　　）无须切换至页面视图下。
   A. 设置文本格式　　B. 编辑页眉
   C. 插入文本框　　D. 显示分栏结果
4. 在 WPS 文字中，要实现段落的右缩进，下面方法中不能实现的是（　　）。
   A. 利用水平标尺进行设置
   B. 利用工具栏上的缩进按钮进行设置
   C. 利用“段落”组中的“段落”对话框进行设置
   D. 利用“文件”菜单中的“页面设置”对话框进行设置
5. 双击文档中的图片，产生的效果是（　　）。
   A. 弹出快捷菜单
   B. 启动图形编辑器进入图形编辑状态，并选中该图形
   C. 选中该图形
   D. 将该图形加文本框
6. 在 WPS 文字中，下列关于表格线的叙述中，正确的是（　　）。
   A. 表格线只能自动产生，不能手工绘制
   B. 表格线可以手工绘制，但线的粗细不能改变
   C. 表格线可以手工绘制，但线的颜色不能改变
   D. 表格线可以手工绘制，而且线的粗细和颜色均能改变
7. 在 WPS 文字中，以下对表格操作的叙述中，错误的是（　　）。
   A. 在表格的单元格中，除了可以输入文字、数字，还可以插入图片
   B. 表格的每一行中各单元格的宽度可以不同
   C. 表格的每一行中各单元格的高度可以不同
   D. 表格的表头单元格可以绘制斜线
8. 在文档中设置了页眉和页脚后，页眉和页脚只能在（　　）看到。
   A. 阅读视图方式下　　B. 大纲视图方式下

C．页面视图方式下　　　　　　　D．页面视图方式下或打印预览中

9．下列有关 WPS 文字窗口的说法中，正确的是（　　）。

A．只能打开一个文档窗口

B．可以同时打开多个文档窗口，但其中只有一个是活动窗口

C．可以同时打开多个文档窗口，被打开的窗口都是活动窗口

D．可以同时打开多个文档窗口，但屏幕上只能见到一个文档的窗口

10．在“打印文档”对话框的“打印页码”中输入“2-5，10，12”，则打印（　　）。

A．第 2 页、第 5 页、第 10 页、第 12 页

B．第 2 页至第 5 页、第 10 页、第 12 页

C．第 2 页、第 5 页、第 10 页至第 12 页

D．第 2 页至第 5 页、第 10 页至第 12 页

二、填空题

1．在 WPS 中，保存文档所使用的快捷键是________。

2．在 WPS 中，撤销上一步操作所使用的快捷键是________。

3．在 WPS 中，想把文档中所有的“明天”替换成“天明”所使用的是________功能。

4．在 WPS 中，想要输入特殊符号，所使用的是________选项卡下的________功能。

5．在 WPS 中，想要调整字符间距为“缩放 120%”，需要在________对话框内进行。

三、判断题

1．WPS 文字处理软件不仅可以进行文字处理，还可以插入图片、声音等，但不能输入数学公式。（　　）

2．在 WPS 文字中，不但能插入封面、脚注，而且还能制作文档目录。（　　）

3．WPS 文字中可以包含文字、表格、图片等内容。（　　）

4．在 WPS 文字中，可以同时打开多个文档窗口，但屏幕上只能显示一个文档的窗口。（　　）

5．在 WPS 文字中，可以同时选中几个文件一次全部打开。（　　）

6．WPS 文字是一种所见即所得的文字处理软件。（　　）

7．“查找”命令只能查找字符串，不能查找格式。（　　）

8．用户在编辑 WPS 文字文档时，选择某一段文字后，把鼠标指针置于选中文本的任一位置，按住鼠标左键拖到另一位置上再释放鼠标左键，那么，该用户的操作是复制文本。（　　）

9．WPS 文字中的页眉横线无法去除。（　　）

10．WPS 文字可以第一页不显示页码，第二页显示页码为“1”。（　　）

四、思考题

1．用 WPS 文字给你的好朋友制作一封新春祝福信，样式参考下图。要求有精美的

信纸背景，美观的手写字体，以及真情流露的祝福内容。

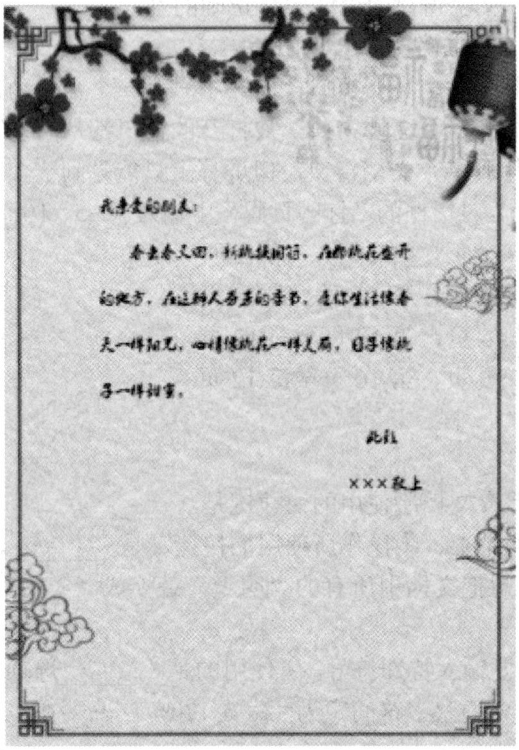

我亲爱的朋友：

春去春又回，新桃换旧符，在那桃花盛开的地方，在这醉人芬芳的季节，愿你生活像春天一样阳光，心情像桃花一样美丽，日子像桃子一样甜蜜。

此致

×××敬上

思考题 1 图　新春祝福信

2．WPS 文字有非常强大的文字编辑功能，请尝试其他文字编辑功能。

3．利用 WPS 提供的 AI 工具创建一篇计算机学习的心得体会。

习题答案

一、单选题

1～5．BAADB　　6～10．DCDBB

二、填空题

1．Ctrl+S

2．Ctrl+Z

3．替换

4．插入　符号

5．字体

三、判断题

1～5．×√√×√　　6～10．√×××√

四、思考题

略

第5章 WPS表格处理习题

一、单选题

1．在单元格里输入文本时，文本数据在单元格中的对齐方式是（　　）。
A．左对齐　　B．居中对齐
C．右对齐　　D．上对齐

2．清除单元格中的数据，可以实现（　　）。
A．删除单元格格式　　B．仅删除单元格中的数据
C．删除单元格　　D．标上删除标记

3．要在某单元格中输入“1/2”，应该输入（　　）。
A．# 1/2　　B．0.5
C．0 1/2　　D．1/2

4．在单元格中如果出现一连串的“###”符号，则表示（　　）。
A．需调整单元格的宽度　　B．需重新输入数据
C．需删除该单元格　　D．需删除这些符号

5．在 WPS 表格中，处理并存储数据的文件称为（　　）。
A．活动单元格　　B．工作表
C．单元格　　D．工作簿

6．在 WPS 表格中，用于计算求和的函数是（　　）。
A．COUNT　　B．AVERAGE
C．SUM　　D．IF

7．在单元格中输入“5/6”，按 Enter 键后，单元格的内容显示为（　　）。
A．0.3　　B．5 月 6 日
C．5/6　　D．#####

8．在单元格中输入公式时，输入的第一个符号是（　　）。
A．+　　B．=
C．-　　D．$

9．如果设置单元格的小数位数为 3，则输入“60”时显示（　　）。
A．60　　B．60.0
C．60.00　　D．60.000

10．若要对某工作表重新命名，可以（　　）。
A．双击表格标题行　　B．双击工作表标签
C．单击表格标题行　　D．单击工作表标签

二、填空题

1．WPS 表格工作簿文件的默认扩展名是________。

2．一张工作表中，最多有________行。

3．在 WPS 表格中，用于存储和处理工作数据的文件称为________。

4．单元格区域 B1:D3 所包含的单元格个数是________个。

5．在单元格中输入“=$B$2+$F$5”是________引用。

6．在 WPS 表格中，选定不连续的区域时，使用________键和鼠标左键一同操作。

7．如果要对一个区域中的行或列数据求平均值，应使用________函数。

8．WPS 表格新建的工作簿默认包含________张工作表。

9．进行分类汇总之前，必须对数据清单进行________。

10．若一个单元格的地址为 B6，则其左边紧邻的一个单元格的地址为________。

三、判断题

1．在保存工作簿文件时，只会保存有数据的工作表。（　　）

2．单元格是 WPS 表格中处理并存储数据的基本工作单位。（　　）

3．在 WPS 表格中，不可以对多个工作表同时进行操作。（　　）

4．在单元格中输入“3/4”后，按 Enter 键结束输入，单元格显示 0.75。（　　）

5．在选中的单元格中输入新内容后，原内容将会被新内容覆盖。（　　）

6．选定好单元格和内容后，按 Delete 键，则会将选定的内容及单元格都从工作表中删除。（　　）

7．对数据进行分类汇总操作之前，需要先对数据按分类字段进行排序操作。（　　）

8．WPS 表格工作簿的默认扩展名是“.xls”。（　　）

9．在 WPS 表格中输入文本时，默认的单元格格式是左对齐。（　　）

10．在 WPS 表格中输入数字时，如果输入“0528”，则默认显示 528。（　　）

四、思考题

1．统计全班同学的自然情况，制作成如下图所示的学生情况登记表，并根据实际需求对数据进行排序、筛选、汇总。

思考题 1 图　学生情况登记表

2．在 WPS 表格中有很多快捷键，你知道有哪些吗？请列举 5 个以上。

3．在 WPS 表格中输入数据时，数据与单元格的宽度经常不匹配，如何让数据与单元格自动匹配？

4．在 WPS 表格中，如何给单元格重新命名？

习题答案

一、单选题

1～5．ABCAD　　6～10．CBBDB

二、填空题

1．.et
2．1048576
3．工作簿
4．9
5．绝对
6．Ctrl
7．AVERAGE
8．3
9．排序
10．A6

三、判断题

1～5．×√××√　　6～10．×√×√√

四、思考题

略

第6章 WPS演示文稿制作习题

一、单选题

1. WPS 演示文稿的扩展名是（　　）。

A. .dps　　B. .pptx

C. .ppt　　D. .wps

2. 要对幻灯片母版进行设计和修改，应在（　　）选项卡中操作。

A. 设计　　B. 审阅

C. 插入　　D. 视图

3. 从当前幻灯片开始放映幻灯片的快捷键是（　　）。

A. Shift+F5　　B. Shift+F4

C. Shift+F3　　D. Shift+F2

4. 从第一张幻灯片开始放映幻灯片的快捷键是（　　）。

A. F2　　B. F3

C. F4　　D. F5

5. 要设置幻灯片中对象的动画效果及动画的出现方式，应在（　　）选项卡中操作。

A. 切换　　B. 动画

C. 设计　　D. 审阅

6. 幻灯片的（　　）是指在放映幻灯片时，一张幻灯片从计算机屏幕上消失，另一张幻灯片随之显示在屏幕上的动画效果。

A. 切换方式　　B. 动画效果

C. 交互效果　　D. 联机演示

7. 通过添加（　　）动画，可以在放映幻灯片时让指定的对象沿轨迹移动。

A. 进入　　B. 强调

C. 退出　　D. 动作路径

8. 在 WPS 演示文稿中，能添加的对象有（　　）。

A. Excel 图表　　B. 电影和声音

C. Flash 动画　　D. 以上都可以

9. 超链接只有在（　　）视图中才能被激活。

A. 幻灯片　　B. 大纲

C. 幻灯片浏览　　D. 幻灯片放映

10. 在幻灯片中浏览视图，（　　）操作是无法进行的。

A. 插入幻灯片　　B. 删除幻灯片

C. 改变幻灯片的顺序　　D. 编辑幻灯片中占位符的位置

11．在（　　）中插入徽标，可以使其在每张幻灯片上的位置自动保持相同。

A．讲义母版　　B．幻灯片母版

C．标题母版　　D．备注母版

12．在 WPS 演示文稿中，段落的对齐方式有（　　）种。

A．3　　B．4

C．5　　D．6

13．在 WPS 演示文稿中，快速复制一张幻灯片的快捷键是（　　）。

A．Ctrl+C　　B．Ctrl+X

C．Ctrl+V　　D．Ctrl+D

14．在幻灯片视图窗格中，不能实现删除选中的幻灯片的操作是（　　）。

A．按 Delete 键

B．按 BackSpace 键

C．右击快捷菜单中的“隐藏幻灯片”命令

D．右击快捷菜单中的“删除幻灯片”命令

15．在 WPS 演示文稿中，如果一组幻灯片中的几张暂时不想让观众看见，最好的方法是（　　）。

A．隐藏这些幻灯片

B．删除这些幻灯片

C．新建一组不含这些幻灯片的演示文稿

D．自定义放映方式时，取消这些幻灯片

16．讲义母版包含（　　）个占位符控制区。

A．3　　B．4

C．5　　D．6

二、填空题

1．在 WPS 演示文稿中，设置幻灯片动画，应在________选项卡中进行操作。

2．在 WPS 演示文稿中，显示标尺、网格线、参考线，以及对幻灯片母版进行修改，应在________选项卡中进行操作。

3．在 WPS 演示文稿中，使用拼写检查、文档对比、中文简繁体转换等功能时，应在________选项卡中进行操作。

4．在 WPS 演示文稿中，对幻灯片进行页面设置时，应在________选项卡中进行操作。

5．在 WPS 演示文稿中，设置幻灯片的切换效果及切换方式，应在________选项卡中进行操作。

6．在 WPS 演示文稿中，插入表格、图片、艺术字、视频、音频，应在________选项卡中进行操作。

7．在 WPS 演示文稿中，对幻灯片进行另存为、新建、打印等操作，应在________

选项卡中进行操作。

8. 在 WPS 演示文稿中，对幻灯片放映条件进行设置时，应在________选项卡中进行操作。

三、判断题

1. WPS 可以直接打开 PowerPoint 2003 制作的演示文稿。 （ ）

2. WPS 演示文稿功能区中的命令不能进行增加和删除。 （ ）

3. WPS 演示文稿的功能区包括选项卡和工具组。 （ ）

4. 在 WPS 演示文稿中，“审阅”选项卡可以进行拼写检查、语言翻译、中文简繁体转换等操作。 （ ）

5. 在 WPS 演示文稿中，“动画刷”工具可以快速设置相同动画。 （ ）

6. 在 WPS 演示文稿的“视图”选项卡中，演示文稿视图有普通视图、幻灯片浏览、备注页和阅读视图 4 种模式。 （ ）

7. 在 WPS 演示文稿的“设计”选项卡中，可以进行幻灯片页面设置、主题模板的选择和设计。 （ ）

8. 在 WPS 演示文稿中，可以对插入的视频进行编辑。 （ ）

9. “删除背景图片”工具是 WPS 演示文稿中的图片编辑功能。 （ ）

10. 在 WPS 演示文稿中，可以将演示文稿保存为视频格式。 （ ）

四、思考题

1. 制作“长白山景点推荐”演示文稿。具体要求如下：

（1）演示文稿中应包含多种幻灯片版式。

（2）使用母版对所有幻灯片设置背景纹理填充。

（3）景点介绍需包含图片和对应的文字。

（4）超链接设置。

（5）幻灯片切换效果设置。

（6）演示文稿放映方式设置为“循环放映，按 Esc 键终止”，换片方式为“手动”。

2. 制作一份“大学生时间管理”演示文稿，规定包括 5 页 PPT，具体要求如下：

（1）使用 WPS 演示文稿的模板库。

（2）包含数据图表（如每日时间分配饼图）。

（3）添加演讲者备注。

3. 校园社团招新宣讲 PPT 设计，任务要求如下：

（1）封面页（社团名称+招新主题）。

（2）社团简介（成立时间、宗旨、往届活动照片）。

（3）核心优势（如专业培训、赛事机会社交资源）。

（4）招新要求（技能门槛、时间安排等）。

（5）报名方式（二维码、微信群、线下咨询点）。

习题答案

一、单选题

1～5．ADADB　　6～10．ADDDD　　11～16．BCDCAB

二、填空题

1．动画　　2．视图　　3．审阅　　4．设计
5．切换　　6．插入　　7．文件　　8．放映

三、判断题

1～5．√×√√√　　6～10．√√√√√

四、思考题

1．略。提示：素材自行查找，操作步骤可参考书中实验部分。下图的样张可供参考。

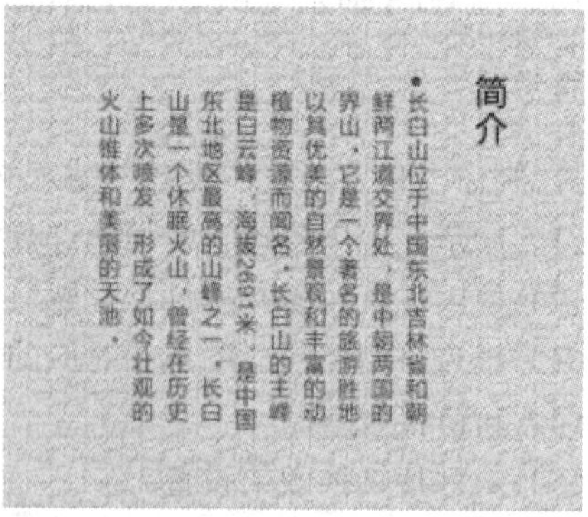

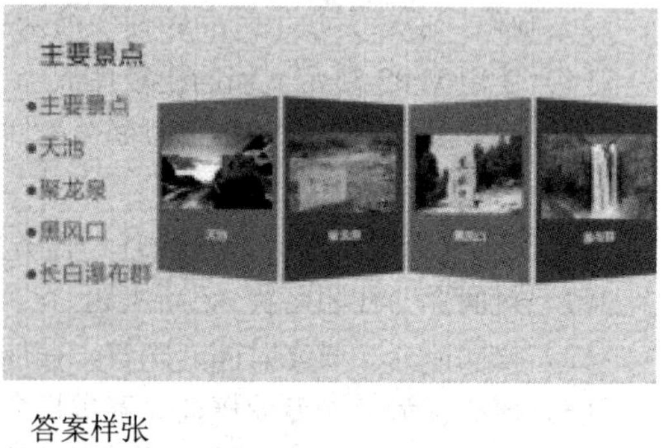

思考题 1 图　答案样张

2、3 题略

第 7 章　人工智能基础习题

一、单选题

1．以下选项中，（　　）不属于人工智能所能执行的任务范畴。

A．通过传感器收集并处理数据，理解周围环境

B．在没有数据和经验的情况下，自行构建完美的任务模型

C．基于已知信息进行逻辑分析和推断，解决复杂问题

D．设计步骤以实现特定目标，并在动态环境中调整方案

2．人工智能按智能水平和能力范围分 3 个层次，不包括（　　）。

A．弱人工智能　　B．超强人工智能

C．强人工智能　　D．超级人工智能

3．机器学习根据学习过程的不同方式进行分类，（　　）不属于主要分类类型。

A．自主学习　　B．监督学习

C．无监督学习　　D．半监督学习

4．以下选项中，（　　）不属于监督学习方法。

A．支持向量机　　B．决策树

C．逻辑回归　　D．K 均值算法

5．神经网络的基本结构主要不包括（　　）。

A．输入层　　B．中间层

C．隐藏层　　D．输出层

6．神经网络中负责接收外部数据的是（　　）。

A．输入层　　B．隐藏层

C．输出层　　D．激活层

7．神经网络进行模式识别和决策的基础是（　　）过程。

A．反向传播　　B．损失计算

C．前向传播　　D．激活函数

8．以下激活函数中，输出范围在（-1, 1）之间的是（　　）。

A．Sigmoid 函数　　B．Tanh 函数

C．ReLU 函数　　D．Softmax 函数

9．以下选项中，（　　）不是文本分类中常见的特征提取方法。

A．词袋模型　　B．TF-IDF（词频-逆文档频率）

C．词嵌入（如 Word2Vec、GloVe）　　D．傅里叶变换

10．应用语音识别的主要功能是（　　）。

A．将文本转换为语音信号　　B．将语音信号转换为图像

C．将语音信号转换为文本　　D．将图像转换为语音信号

11．在语音识别系统中，把连续语音转化为数字信号的步骤是（　　）。

A．特征提取　　B．语音采集与预处理

C．声学建模　　D．解码与输出

12．下列选项中，不属于图像处理主要目的的是（　　）。

A．提取图像中的有用信息　　B．增强图像的视觉效果

C．改变图像的拍摄角度　　D．压缩图像数据以便存储

13．以下选项中，（　　）主要涉及从图像中抽取关键信息，如边缘、角点和纹理特征。

A．图像预处理　　B．特征提取

C．图像变换　　D．几何变换

14．语义分割的核心目标是（　　）。

A．对整个图像进行分类

B．将图像中的每个像素分配给特定的语义类别

C．仅识别图像中的物体轮廓

D．只用于处理自动驾驶中的图像

15．以下选项中，（　　）不是语义分割的应用领域。

A．自动驾驶　　B．医疗图像分析

C．动物训练　　D．遥感图像解译

16．以下关于知识的描述中，错误的是（　　）。

A．知识是人们在社会实践中获得的认识和经验的总和

B．知识仅反映客观事物的属性，不涉及它们之间的联系

C．知识是客观世界在人脑中的主观映像

D．知识的形式包括感性知觉、表象等

17．知识表示在人工智能领域的核心作用是（　　）。

A．帮助人类更好地理解机器

B．将人类知识转化为机器可理解和处理的形式

C．提高机器的运算速度

D．让机器学会自然语言

18．在命题逻辑中，“今天要么是晴天，要么是雨天”，若用P表示“今天是晴天”，Q表示“今天是雨天”，该逻辑表达式应为（　　）。

A．$P \wedge Q$　　B．$P \vee Q$

C．$\neg P \wedge Q$　　D．$(P \vee Q) \wedge \neg(P \wedge Q)$

19．在语义网络中，用来表示概念或实体的是（　　）。

A．结点　　B．边

C．图结构　　D．关系

20．在知识融合过程中，处理不同来源中的相同或相似实体以消除冗余的步骤是（　　）。

A．知识合并　　B．去重与冲突解决

C．数据对齐　　D．信息抽取

二、填空题

1. 图灵测试是由________在________年提出的，用于评估机器是否具有________。

2. 人工智能按照智能水平的高低和能力范围，通常分为 3 个层次：________、________和________。

3. 机器学习主要分为________、________、________、________和________几种类型。

4. 神经网络的基本结构分为________、________和________3 个主要部分。

5. 神经网络的计算过程分为________、________和________3 个步骤。

6. 文本分类的工作流程包括________、________和________3 个主要步骤。

7. 语音识别是将语音信号转换为________的技术。

8. 卷积神经网络通过________与________操作自动提取图像特征，残差网络（ResNet）引入________缓解梯度消失难题。

9. 语义网络基于________，以________象征概念或实体，________揭示结点间的关联性，基本框架是由结点与边形成的图结构。

10. 知识图谱通常使用________来表示，其中，实体作为图中的________，实体之间的关系作为________。

三、判断题

1. 图灵测试是在 1956 年被提出的。（　）

2. 强人工智能目前已经广泛应用于各种实际场景。（　）

3. 监督学习不需要标注数据集，直接对新数据进行预测。（　）

4. 语法分析、语义理解、信息抽取、机器翻译、文本生成及文本分类都属于自然语言处理的核心任务。（　）

5. 数据质量不会对自然语言处理造成影响。（　）

6. 输入层的结点数仅取决于训练样本的数量。（　）

7. 反向传播是从输入层开始，向输出层方向更新参数。（　）

8. 文本分类旨在把文本数据手动分配到预定义类别中。（　）

9. 词袋模型不属于文本分类的特征提取方法。（　）

10. 语音识别是将文本转换为语音信号的技术。（　）

11. 图像处理的唯一目的是让图像更加美观。（　）

12. 语义分割可以应用于自动驾驶和医疗领域。（　）

13. 基于区域的语义分割方法在测试时，直接输出区域预测结果。（　）

14. 显性知识可以方便地在人们之间进行传播和共享。（　）

15. 陈述性知识总是简单地事实描述，不包括复杂的科学原理和理论。（　）

16. 命题逻辑只能表达简单陈述句，不能构建复杂逻辑表达式。（　）

17. 谓词逻辑不能表达全称关系。（　）

18. 显性知识和隐性知识可以相互转化。（　）

19．知识抽取中的本体学习是从现有文本或数据中自动生成本体，定义实体类别、属性和实体之间的关系。（ ）

20．知识图谱的表示只能基于图数据库。（ ）

四、思考题

1．现如今，人工智能已经慢慢重构了社会就业结构，思考一下，在日常生活中，哪些工作岗位已被 AI 替代？

2．AI 创作的内容若与人类作品风格高度相似，其版权应归开发者、用户还是原作品作者？

3．若 AI 辅助诊断系统误判导致医疗事故，责任应由医生、算法开发者还是数据提供方承担？

习题答案

一、单选题

1～5．BBADB　6～10．ACBDC　11～15．BCBBC　16～20．BBDAB

二、填空题

1．艾伦·图灵　1950　类人智能
2．弱人工智能　强人工智能　超级人工智能
3．监督学习　无监督学习　半监督学习　强化学习　迁移学习
4．输入层　隐藏层　输出层
5．前向传播　损失计算　反向传播
6．文本预处理　特征提取　分类算法
7．文本
8．卷积　池化　残差模块
9．图论　结点　边
10．图数据库　结点　边

三、判断题

1～5．×××√×　6～10．×××××
11～15．×√×√×　16～20．××√√×

四、思考题

略

第8章 程序设计基础与软件工程习题

一、单选题

1. 程序设计要遵循一定的开发方法及思想，但并不包括（ ）。
   A. 结构化设计方法　　B. 模块化程序设计方法
   C. 面向对象的程序设计方法　　D. 数据结构优先原则
2. 计算机能直接执行的语言是（ ）。
   A. 机器语言　　B. 汇编语言
   C. 高级语言　　D. 目标语言
3. 世界上第一个高级语言是（ ）。
   A. Basic 语言　　B. C 语言
   C. Fortran 语言　　D. Pascal 语言
4. 下面 4 种程序设计语言中，不是面向过程语言的是（ ）。
   A. Fortran　　B. ALGOL
   C. Ada　　D. C++
5. 下面 4 种程序设计语言中，不是面向对象语言的是（ ）。
   A. Java　　B. Object Pascal
   C. Delphi　　D. C
6. 在 C 语言中，使用变量时要求（ ）。
   A. 先定义后使用　　B. 先使用后定义
   C. 不需要定义，可以直接使用　　D. 没有明确的要求
7. 螺旋模型包括需求定义、风险分析、工程实现和评审 4 个阶段，在开发过程中，下列说法正确的是（ ）。
   A. 每个周期都要包括这 4 个阶段　　B. 每个周期可以包括不同的阶段
   C. 在最后交付使用之前才进行评审　　D. 在项目开始时才需要进行风险分析
8. 下面关于测试的结论中，正确的是（ ）。
   A. 测试工作要贯穿软件开发的整个过程
   B. 测试工作是指在编程实现过程中进行的排错工作
   C. 测试工作是指在产品完成后用户的验收工作过程
   D. 测试工作量的弹性比较大，可以根据时间进度进行裁减
9. 在软件需求完全确定的情况下，应采用的软件开发模型是（ ）。
   A. 瀑布模型　　B. 渐进式开发模型
   C. 原型模型　　D. 螺旋模型
10. 汇编程序的任务是（ ）。

A．将汇编语言编写的程序转换为目标程序

B．将汇编语言编写的程序转换为可执行程序

C．将高级语言编写的程序转换为汇编语言程序

D．将高级语言编写的程序转换为可执行程序

二、填空题

1．算法描述的常见方法是________、________和________。

2．评价算法效率的主要指标是________和________。

3．当前流行的程序设计方法是________和________。

4．软件开发模型大体可分为两种类型：第一种是以软件需求完全确定为前提的________；第二种是在软件开发初始阶段只能提供基本需求的________。

5．要编写高质量的程序，判断程序质量的首要标准是程序的正确性。要保证程序在多次反复使用过程中不发生错误，应该保证程序的________。

6．计算机系统中的软件包括________和________。

7．计算机语言有 3 种类型，分别是________、________和________。

8．高级语言源程序的翻译有两种方式：一种是________，另一种是________。

9．程序设计过程的 3 个阶段是________、________和________。

10．基本的程序控制结构有 3 种，分别是________、________和________。

三、判断题

1．程序是计算机可以识别和执行的一组指令。（ ）

2．汇编语言是高级语言。（ ）

3．任何程序都可以由 3 种基本控制结构构成：顺序、选择和循环。（ ）

4．程序设计方法包括结构化程序设计方法和面向对象程序设计方法。（ ）

5．现实世界中客观存在的事物称为类。（ ）

6．子类可以具有父类的属性和行为称为继承。（ ）

7．算法是为解决特定问题而设计的有限指令序列。（ ）

8．算法的评价只包括时间复杂度。（ ）

9．软件生命周期粗略地划分为 3 个阶段：计划、开发和维护。（ ）

10．软件测试只有黑盒测试。（ ）

四、思考题

1．总结计算机程序设计方法的发展阶段以及每个阶段遇到的问题。

2．用现实生活中的案例阐述衡量算法效率的方法都有哪种。

3．阐述软件的生命周期包含的阶段。

习题答案

一、单选题

1～5．DACDD　　6～10．AAAAA

二、填空题

1．伪代码　流程图　N-S 图
2．时间复杂度　空间复杂度
3．结构化程序设计　面向对象程序设计
4．瀑布模型　渐进式开发模型
5．可靠性
6．所有程序　相关的文档
7．机器语言　汇编语言　高级语言
8．解释方式　编译方式
9．编程阶段　编译阶段　执行阶段
10．顺序结构　选择结构　循环结构

三、判断题

1～5．√×√√×　　6～10．√√×√×

四、思考题

略

第9章 医学信息系统基础习题

一、单选题

1．下面系统中，属于医学信息系统基础的是（　　）。

A．医院信息系统　　B．医学影像存储与传输系统

C．放射科信息系统　　D．临床实验室信息系统

2．以下项目中，属于医学信息标准范畴的是（　　）。

A．LIS　　B．HIS

C．CIS　　D．HL7

3．下面选项中，不是医学信息安全主要集中关注点的是（　　）。

A．信息处理的安全　　B．客户端单机环境的安全

C．信息存储的安全　　D．网络传输信息内容的安全

4．RIS 系统主要实现的是（　　）科室的内部工作流程、管理的数字化和信息化应用。

A．放射　　B．营养

C．急诊　　D．人事

5．医院信息系统的缩写是（　　）。

A．HIS　　B．CIS

C．PACS　　D．LIS

6．IHE 主要解决的是（　　）问题。

A．医学影像传输和存储标准化格式

B．不同系统间的通讯

C．医学信息的标准化

D．不同应用系统间的协同工作

7．远程医疗中，保证医疗数据安全传输的关键技术是（　　）。

A．数据加密技术　　B．数据压缩技术

C．流媒体技术　　D．虚拟现实技术

8．医院信息系统是为医院的整体运行提供全面的（　　）管理及各种服务的信息系统。

A．自动化　　B．共享

C．人工化　　D．机械化

9．下列医学图像成像技术中，属于核磁共振成像的是（　　）。

A．CR　　B．MRI

C．DSA　　D．PET

二、填空题

1．信息系统是以________为目的的人机一体化系统。

2．医学信息安全技术主要包括________、________、________和________。

3．医院信息系统的发展大致分为________、________、________和________4个阶段。

4．医院信息系统的总体结构包括________、医院管理信息系统和外部接口。

5．PACS系统主要工作包括________、________、________、________和________5个方面。

6．临床实验室信息系统是指利用计算机网络和信息技术，实现临床实验室________和________的采集、存储、处理、传输、查询，并提供分析及诊断支持的信息管理系统。

三、判断题

1．医院信息系统是指利用计算机软硬件技术、网络通信技术等现代化手段，对医院及其所属各部门的人流、物流、财流进行综合管理，对医疗活动各阶段中产生的数据进行采集、存储、处理、提取、传输、汇总、加工，并形成各种信息，从而为医院的整体运行提供全面的自动化管理及各种服务的信息系统。（ ）

2．HL7是一种应用于OSI参考模式第七层的医疗卫生信息交换标准。（ ）

3．所有的医学信息标准在整个医疗信息系统的发展过程中都是一次形成的，不会发生变化。（ ）

4．医院信息系统的主要功能可分为信息服务功能、事务管理功能及系统功能。（ ）

5．临床信息系统的英文缩写是CIS。（ ）

6．HIS不必依赖覆盖全医院的计算机网络系统就可实现其功能。（ ）

7．RIS的核心任务工作流程是检查申请、检查科室预约与安排、检查与诊断、书写报告、报告传送归档。（ ）

8．远程医学的主要支撑条件包含通信网络环境、协同工作环境以及远程医学信息标准3个方面。（ ）

9．智慧医疗提升了医疗行业的智能化应用水平，推动了医疗资源的优化配置以及促进了医疗业务流程从人工走向智能自动化的进程。（ ）

四、思考题

1．什么是医学信息系统？医学信息系统具有哪些特点？

2．医院信息系统的主要功能有哪些？

3．简述医学影像与检验信息系统的工作流程。

习题答案

一、单选题

1～5．ADBAA　　6～9．DAAB

二、填空题

1．处理信息流
2．数据加密技术　身份认证技术　访问控制技术　数据溯源技术
3．独立应用阶段　局部应用阶段　信息完整、集成度高的一体化应用阶段　区域医疗信息化应用阶段
4．临床信息系统
5．图像采集　传输存储　显示　处理　输出打印
6．业务信息　管理信息

三、判断题

1～5．√√×√√　　6～9．×√×√

四、思考题

略

参 考 文 献

曹旭，张杨，马健，2019．大学计算机基础实验指导与习题[M]．北京：科学出版社．
代涛，2022．医学信息学概论[M]．3 版．北京：人民卫生出版社．
冯天亮，尚文刚，2019．医院信息系统教程[M]．北京：科学出版社．
龚玉清，程宇，2024．大学计算机应用基础教程（WPS 版）[M]．北京：清华大学出版社．
龚玉清，程宇，朱云，等，2024．大学计算机应用基础教程-WPS 版[M]．北京：清华大学出版社．
李健军，王萌，2014．大学计算机基础实验教程[M]．北京：北京邮电大学出版社．
李修云，尤淑辉，2023．WPS Office 办公应用基础教程[M]．北京：北京大学出版社．
刘杰，2015．大学计算机基础实训教程[M]．北京：科学出版社．
潘银松，高瑜，颜烨，等，2017．大学计算机基础实验指导[M]．重庆：重庆大学出版社．
仝军，赵治，田洪生，2018．计算机网络基础[M]．北京：北京理工大学出版社．
吴辰文，李晶，吴辰军，2024．计算机网络基础教程（题库+微课视频版）[M]．4 版．北京：清华大学出版社．
谢江宜，蔡勇，2022．大学计算机基础实验 WPS 版[M]．北京：中国水利水电出版社．
谢希仁，2021．计算机网络[M]．8 版．北京：电子工业出版社．
杨富华，2014．数字化医院信息系统教程[M]．北京：科学出版社．
赵杰，2015．大学计算机基础实训教程[M]．北京：科学出版社．
赵越，王之琼，2022．医学信息学[M]．2 版．北京：清华大学出版社．
祝建中，2016．医学信息技术基础教程[M]．2 版．北京：清华大学出版社．
邹元君，曹旭，2019．大学计算机基础[M]．北京：科学出版社．